U0384040

甘肃太子山国家级自然保护区
植物图鉴
GANSU TAIZISHAN GUOJIAJI ZIRAN BAOHUQU
ZHIWU TUJIAN

敏正龙　刘晓娟　◎主编

甘肃科学技术出版社

图书在版编目（CIP）数据

甘肃太子山国家级自然保护区植物图鉴 / 敏正龙，
刘晓娟主编. —— 兰州：甘肃科学技术出版社，2021.8
ISBN 978-7-5424-2856-1

Ⅰ.①甘… Ⅱ.①敏… ②刘… Ⅲ. ①自然保护区—
植物—甘肃—图集 Ⅳ. ①Q948.524.2-64

中国版本图书馆CIP数据核字(2021)第156138号

甘肃太子山国家级自然保护区植物图鉴

敏正龙　刘晓娟　主编

责任编辑　陈学祥
封面设计　麦朵设计

出　版　甘肃科学技术出版社
社　址　兰州市读者大道 568 号　730030
网　址　www.gskejipress.com
电　话　0931-8125103(编辑部)　0931-8773237(发行部)
京东官方旗舰店　https://mall.jd.com/index-655807.html

发　行　甘肃科学技术出版社　　印　刷　甘肃新华印刷厂
开　本　889毫米×1194毫米　1/16　印　张　20　插　页　4　字　数　285千
版　次　2021 年 9 月第 1 版
印　次　2021 年 9 月第 1 次印刷
印　数　1~1000
书　号　ISBN 978-7-5424-2856-1　　定　价　186.00 元

编 委 会

序

　　甘肃太子山国家级自然保护区（以下简称"保护区"）位于临夏回族自治州与甘南藏族自治州之间，东南起洮河下游地区，西南与甘南州临潭、夏河、合作、卓尼四县（市）及青海省循化县毗邻，东北和临夏州康乐、和政、临夏、积石山四县相接。东西长约100km，南北宽10~20km，海拔2200~4636m，总面积8.47万公顷。主要保护对象为青藏高原与黄土高原过渡地带森林生态系统及生物多样性，属于自然生态系统类别森林生态系统类型自然保护区，是黄河上游重要的水源涵养林区。保护区内生态系统复杂多样，物种丰富度极高，共有维管植物95科359属838种33变种1亚种3变型，其中稀有濒危和重点保护植物有玉龙蕨、南方山荷叶、桃儿七、红花绿绒蒿、羽叶点地梅、紫斑牡丹、五福花、星叶草等52种，包括国家重点保护野生植物39种、甘肃省地方重点保护野生植物13种。

　　保护区自成立以来，组建了专业调查队，在甘肃农业大学孙学刚教授的指导下，经过十几年的艰苦努力，踏遍保护区的山山水水，采集了几千份植物标本，经过整理鉴定建成了自然博物馆，出版了《甘肃太子山国家级自然保护区林木种质资源》一书。在此基础上，编辑了《甘肃太子山国家级自然保护区植物图鉴》一书，全书共计28万多字，1700余幅照片，共记载高等植物570种。该书基本呈现了太子山保护区的重点植物种类、分布和用途。本书的出版，将对广大林草工作者在生产、教学和科研方面提供基础资料，对生态环境建设以及植物资源保护和共享利用提供科学依据。本书知识性、科学性都很强，内容丰富，图文并茂，不论在教学实习和科学研究方面都可作为参考书，也是一本工具书。

《甘肃太子山国家级自然保护区植物图鉴》一书付印之际，编著者邀我作序，欣然述语，以资鼓励和支持。

2021 年 5 月 19 日

前　言

　　甘肃太子山自然保护区成立于 2005 年 12 月，2012 年晋升为国家级自然保护区。是甘肃省中部地区一个极为重要的自然保护区，保护区地处临夏回族自治州和甘南藏族自治州之间，是青藏高原向黄土高原过渡地带典型的森林生态系统类型的自然保护区，东西长约 100km，南北宽 10~20km，海拔 2200~4636m，总面积 8.47 万公顷。该区属温带大陆性气候，年平均气温 5.1℃，无霜期 110d 左右，年均降水量 660mm。发源于该区的河（溪）流近 200 条，其中较大河流 16 条，是黄河上游重要的水源涵养林。保护区内生态系统复杂多样，物种丰富度极高，共有维管束植物 95 科 359 属 838 种 33 变种 1 亚种 3 变型，其中稀有濒危和国家重点保护植物有玉龙蕨（*Sorolepidium glaciale*）、南方山荷叶（*Diphylleia sinensis*）、桃儿七（*Sinopodophyllum hexandrum*）、红花绿绒蒿（*Meconopsis punicea*）、羽叶点地梅（*Pomatosace filicula*）、紫斑牡丹（*Paeonia rockii*）、五福花（*Adoxa moschatellina*）、细穗玄参（*Scrofella chinensis*）、星叶草（*Circaeaster agrentilucida*）、马尿泡（*Przewalskia tangutica*）等 52 种，包括国家重点保护野生植物 39 种、甘肃省地方重点保护野生植物 13 种。

　　本书是甘肃太子山国家级自然保护区林草种质资源调查的主要成果之一。自 2016 以来，保护区会同甘肃农业大学林学院，组织相关技术人员，在孙学刚教授和刘晓娟教授的指导下，对保护区植物物种多样性实地调查，在采集大量标本的同时，拍摄了 15000 余幅植物照片，通过分类鉴定，筛选出了 1700 余幅照片，编辑成《甘肃太子山国家级自然保护区植物图鉴》一书，该书基本呈现了太子山保护区的重点植物。本书的出版，将对从事自然保护事业的广大工作者和林草工作者在生产、教学和科研等方面提供基础资料，对生态环境建设以及植物资源保护和共享利用提供科学依据。我们期望读者能从本书中获得有用的信息，为美丽甘肃建设做出贡献。

本书从植物群体、个体、器官和局部等多个层次和视角，以大量原色图片展示了保护区 71 科 255 属 570 种常见维管束植物的形态特征、生境特点和群落外貌，并附中文索引和拉丁文索引。所有物种的拉丁文、中文名及科、属拉丁文均参照《中国植物志》、*Flora of China*、"中国植物名录（China Plant Catalogue，CNPC）"数据等进行校对和订正。蕨类植物、裸子植物、被子植物的顺序按照《中国植物志》系统排列。

借此书出版，向甘肃农业大学孙学刚教授和甘肃省小陇山林业实验局林业科学研究所马建伟正高级工程师及长期关心支持保护区的各位领导和同仁们表示衷心的感谢。

限于编者学术水平和编著时限，难免出现内容疏漏、分类误定、图片不清晰等缺憾，敬请广大读者和同仁们赐教指正。

编者

2021 年 4 月

红桦林

二郎庙青杆古树群

春回白里阳洼

良种基地母树林

露骨吐翠

母山叠翠

沙棘林

柏桦交映烟熏崖

太子山云海

云笼裹翠太子山

雪山之春

目 录

蕨

Pteridium aquilinum
var. latiusculum

蕨科蕨属

　　植株高可达 1 米。根状茎长而横走，密被锈黄色柔毛，以后逐渐脱落。叶远生；柄长 20~80 厘米，基部粗 3~6 毫米，褐棕色或棕禾秆色，略有光泽，光滑，上面有浅纵沟 1 条；叶片阔三角形或长圆三角形，三回羽状；羽片 4~6 对，对生或近对生，叶干后近革质或革质，暗绿色，上面无毛，下面在裂片主脉上多少被棕色或灰白色的疏毛或近无毛。

　　太子山保护区有分布，生于海拔 2100~2300 米的山地阳坡及森林边缘阳光充足的地方。

掌叶铁线蕨

Adiantum pedatum

铁线蕨科铁线蕨属

　　植株高 40~60 厘米。根状茎直立或横卧，被褐棕色阔披针形鳞片。叶簇生或近生；柄长 20~40 厘米，栗色或棕色，基部粗可达 3.5 毫米；叶片阔扇形，长可达 30 厘米，宽可达 40 厘米，从叶柄的顶部二叉成左右两个弯弓形的分枝，再从每个分枝的上侧生出 4~6 片一回羽状的线状披针形羽片。叶干后草质，草绿色，下面带灰白色，两面均无毛；孢子囊群每小羽片 4~6 枚，横生于裂片先端的浅缺刻内；囊群盖长圆形或肾形，淡灰绿色或褐色，膜质，全缘，宿存。

　　太子山保护区有分布，生于海拔 2400~3500 米的林下沟旁。

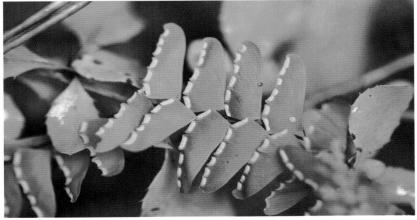

高山冷蕨

Cystopteris montana

蹄盖蕨科冷蕨属

根状茎细长横走，黑褐色；叶远生。能育叶长 20~49 厘米；叶柄长为叶片的 1~3 倍；叶片近五角形，长 8~20 厘米，宽与长几相等，三回至四回羽状。孢子囊群小，圆形，褐色，着生于小脉背上，每末回裂片上有 3~7 枚，每裂齿 1 枚。

太子山保护区有分布，生于海拔 2300~4300 米的灌丛林下、石缝中。

中华蹄盖蕨

Athyrium sinense

蹄盖蕨科蹄盖蕨属

根状茎短，直立，先端和叶柄基部密被深褐色、卵状披针形或披针形的鳞片；叶簇生。叶片长圆状披针形，先端短渐尖，基部略变狭，二回羽状；裂片 4~5 对，近圆形，边缘有数个短锯齿。叶脉两面明显，在小羽片上为羽状。孢子囊群多为长圆形，生于基部上侧小脉；囊群盖同形，浅褐色，膜质，边缘啮蚀状，宿存。

太子山保护区有分布，生于海拔 2400~2600 米的林下。

陕西耳蕨
Polystichum shensiense
鳞毛蕨科耳蕨属

夏绿小型蕨类。高 12~24 厘米。叶簇生，叶柄长 3~10 厘米；叶片线状倒披针形或倒披针形，长 11~30 厘米，宽 1.2~2.4 厘米，二回羽状深裂。孢子囊群生在叶中部及以上羽片，位于羽轴两侧各成一行，或在裂片主脉两侧各有 1~2 个。

太子山保护区有分布，生于海拔 2600~4000 米的高山草甸、针叶林下。

玉龙蕨
Sorolepidium glaciale
鳞毛蕨科玉龙蕨属

植株高 20 厘米，全体密被鳞片或长柔毛。叶簇生；柄长 4~8 厘米；叶片线形，长 12~15 厘米，宽 2~2.5 厘米，一回羽状，羽片约 28 对，互生，近无柄，长圆形。叶厚革质，干后黑褐色，两面密被灰白色长柔毛。孢子囊群圆形，生于小脉顶端，位于主脉与叶边之间，每羽片 3~4 对。

太子山保护区有分布，生于海拔 3200~4300 米的岩缝中。

伏地卷柏

Selaginella nipponica

卷柏科卷柏属

土生，匍匐，能育枝直立，高 5~12 厘米。茎自近基部开始分枝，无关节；侧枝 3~4 对，不分叉或分叉。叶全部交互排列，二型。分枝上的腋叶长 1.5~1.8 毫米；分枝上的中叶长圆状卵形或椭圆形，长 1.6~2.0 毫米；侧枝上的侧叶宽卵形或卵状三角形，常反折，长 1.8~2.2 毫米。孢子叶穗疏松，单生于小枝末端，或 1~3 次分叉，长 18~50 毫米。

太子山保护区有分布，生于海拔 2400 米左右的草地或岩石上。

问荆

Equisetum arvense

木贼科木贼属

中小型植物。根茎斜升，黑棕色，节和根密生黄棕色长毛或光滑无毛。枝二型。能育枝春季先萌发；不育枝后萌发；鞘筒狭长，绿色；鞘齿三角形，中间黑棕色，边缘膜质，淡棕色，宿存；孢子囊穗圆柱形，顶端钝。

太子山保护区有分布，生于海拔 2300~2700 米的林缘水边。

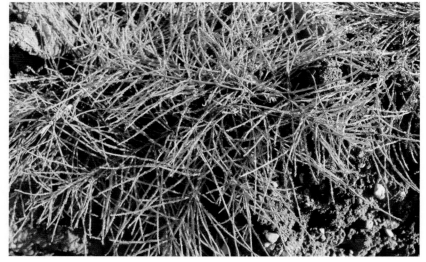

节节草

Equisetum ramosissimum

木贼科木贼属

中小型植物。根茎直立，横走或斜升，黑棕色，节和根疏生黄棕色长毛或光滑无毛。地上枝多年生。枝一型，绿色，主枝多在下部分枝，常形成簇生状；幼枝的轮生分枝明显或不明显；侧枝较硬，圆柱状，有脊5~8条，脊上平滑或有一行小瘤或有浅色小横纹；鞘齿5~8个，披针形，革质但边缘膜质，上部棕色，宿存。

太子山保护区有分布，生于海拔 2300~2500 米的河边。

木贼

Equisetum hyemale

木贼科木贼属

大型植物。地上枝多年生。枝一型，高达 1 米或更多，中部径 3~9 毫米，节间长 5~8 厘米，绿色，不分枝或基部有少数直立侧枝。鞘筒长 0.7~1 厘米，鞘齿16~22，披针形，长 3~4 毫米，先端淡棕色，膜质，芒状，早落，下部黑棕色，薄革质，基部背面有 4 纵棱，宿存或同鞘筒早落。孢子囊穗卵状，长 1~1.5 厘米，径 5~7 毫米，顶端有小尖突，无柄。

太子山保护区均有分布，生于海拔 2300~2900 米的林缘水边。

岷江冷杉

Abies faxoniana

松科冷杉属

　　乔木；树皮深灰色，裂成不规则的块片；大枝斜展。叶排列较密，在枝条下面排成两列，枝条上面的叶斜上伸展，条形，广直或微弯，边缘微向下卷或不卷，上面光绿色。球果卵状椭圆形或圆柱形，顶端平，无梗或近无梗，熟时深紫黑色，微具白粉；中部种鳞扇状四边形或肾状四边形；苞鳞上端露出或仅尖头露出，直伸或反曲；种子倒三角状卵圆形。

　　太子山保护区松鸣岩和新营保护站有片状分布。生于海拔3000~3600米的山地阴坡。

巴山冷杉

Abies fargesii

松科冷杉属

　　乔木，高达40米；树皮粗糙，暗灰色或暗灰褐色，块状开裂；冬芽卵圆形或近圆形，有树脂；一年生枝红褐色或微带紫色，叶在枝条下面列成2列，上面之叶斜展或直立，稀上面中央之叶向后反曲，条形，上部较下部宽。球果直立，柱状矩圆形或圆柱形，成熟时淡紫色、紫黑色或红褐色；种子倒三角状卵圆形，种翅楔形。

　　太子山保护区松鸣岩保护站有片状分布，生于海拔2500~3700米的山地。

云杉

Picea asperata

松科云杉属

　　常绿乔木，树皮灰色，不规则鳞片状脱落；小枝有木钉状叶枕，有疏或密生毛，或几无毛；一年生枝淡褐黄色或淡黄褐色；叶螺旋状排列，四棱状条形，先端尖或凸尖，横切面菱状四方形。雌雄同株；雄球花单生叶腋，下垂。球果单生侧枝顶端，下垂，柱状矩圆形或圆柱形，熟前绿色，熟时淡褐色或栗色，长 6~10 厘米。

　　太子山保护区有分布，生于海拔 2400~2900 米的山地。

青海云杉

Picea crassifolia

松科云杉属

　　常绿乔木；小枝有木钉状叶枕，多少有毛或几无毛，间或有白粉；一年生枝淡绿黄色，二至三年生枝常呈粉红色；小枝基部宿存芽鳞的先端常反曲；芽圆锥形。叶在枝上螺旋状着生，枝条下面和两侧的叶向上伸展，锥形，先端钝。球果单生侧枝顶端，下垂，圆柱形或矩圆状圆柱形，幼果紫红色，熟前种鳞背部变绿，上部边缘仍呈紫红色，熟后褐色；种鳞倒卵形，腹面有 2 粒上端有翅的种子。

　　太子山保护区均有分布，生于海拔 2200~2650 米的山坡。

青杆

Picea wilsonii

松科云杉属

乔木，高达 50 米；树皮灰色或暗灰色，裂成不规则鳞状块片脱落；枝条近平展，树冠塔形。叶排列较密，在小枝上部向前伸展，四棱状条形，较短，通常长 0.8~1.8 厘米，宽 1.2~1.7 毫米，先端尖，微具白粉。球果卵状圆柱形或圆柱状长卵圆形，成熟前绿色，熟时黄褐色或淡褐色，长 5~8 厘米；中部种鳞倒卵形；种子倒卵圆形。

太子山保护区松鸣岩和紫沟保护站二郎庙集中分布。生于海拔 2400~2700 米的山地。

紫果云杉

Picea purpurea

松科云杉属

常绿乔木；小枝密生短柔毛，有木钉状叶枕；一年生枝黄色或淡褐黄色；芽圆锥形，有树脂。叶螺旋状排列，成辐射状斜展，锥形，长 0.7~1.2 厘米，宽约 1.6 毫米，先端微尖或微钝，球果单生侧枝顶端，下垂，卵圆形或椭圆形，长 3~6 厘米，成熟前后均为紫黑色或淡红紫色；种鳞斜方状卵形，长 1.3~1.6 厘米，中上部所窄成三角状，排列疏松，边缘波状有细缺齿；种子上端有膜质长翅。

太子山保护区槐山子苗圃和松鸣岩保护站有零星分布。

华北落叶松

Larix principis-rupprechtii

松科落叶松属

落叶乔木；树皮暗灰褐色，不规则纵裂，成小块片脱落；小枝不下垂或枝稍微下垂；叶在长枝上螺旋状散生，在短枝上簇生，倒披针状条形。雌雄同株；球花单生短枝顶端。球果长卵圆形或卵圆形，长 2~3.5 厘米，熟前淡绿色，熟时淡褐色或稍带黄色，仅球果基部苞鳞的先端露出。

太子山保护区均有分布，生于海拔 2100~2800 米的阴坡上。

日本落叶松

Larix kaempferi

松科落叶松属

乔木；树皮暗褐色，纵裂粗糙，成鳞片状脱落；一年生枝淡红褐色，被白粉。叶在短枝上簇生，倒披针状条形。雄球花淡褐黄色，卵圆形；雌球花紫红色。球果卵圆形或圆柱状卵形，长 1.5~3 厘米，熟时黄褐色；种鳞顶端显著反曲；种子倒卵圆形，种翅上部三角状。

太子山保护区紫沟保护站常家河、东湾保护站后东湾、药水保护站八路沟有分布，生于海拔 2300~2700 米的山地。

华山松

Pinus armandii

松科松属

常绿乔木;一年生枝绿色或灰绿色,干后褐色或灰褐色,无毛;冬芽褐色,微具树脂。针叶5针一束(稀6~7针),较粗硬,长8~15厘米;叶鞘早落。球果圆锥状长卵形,长10~22厘米,直径5~9厘米,熟时种鳞张开;种鳞先端不反曲或微反曲;种子褐色至黑褐色,无翅或上部具棱脊,长1~1.8厘米。

太子山保护区紫沟保护站和松鸣岩保护站有分布,生于海拔2400~2700米的山坡上。

樟子松

Pinus sylvestris
var. *mongolica*

松科松属

乔木;树皮红褐色,裂成薄片脱落;小枝暗灰褐色。针叶2针一束,粗硬,通常扭曲,边缘有细锯齿。雌球花有短梗,向下弯垂。球果圆锥状卵圆形,长3~6厘米,径2~3厘米;中部种鳞的鳞盾多呈斜方形,肥厚隆起,多反曲,鳞脐呈瘤状突起,有易脱落的短刺;种子长卵圆形,连翅长1.1~1.5厘米。

太子山保护区槐山子苗圃有栽培。生于海拔2400~2600米的山坡上。

油松

Pinus tabulaeformis

松科松属

常绿乔木;大树的枝条平展或微向下伸,树冠近平顶状;一年生枝淡红褐色或淡灰黄色,无毛;二、三年生枝上的苞片宿存;冬芽红褐色。针叶2针一束,粗硬,长10~15厘米;树脂管约10个,边生;叶鞘宿存。球果卵圆形,长4~10厘米,成熟后宿存,暗褐色;种鳞的鳞盾肥厚,横脊显著,鳞脐凸起有刺尖;种子长6~8毫米,种翅长约10毫米。

太子山保护区槐山子苗圃、甲滩、新营保护站有分布,生于海拔2300~2600米的地带。

高山柏

Sabina squamata

柏科圆柏属

灌木,或成匍匐状,或为乔木,树皮褐灰色;枝条斜伸或平展,枝皮暗褐色或微带紫色或黄色,裂成不规则薄片脱落;小枝直或弧状弯曲,下垂或伸展。叶全为刺形,3叶交叉轮生,披针形或窄披针形。球果卵圆形或近球形,成熟前绿色或黄绿色,熟后黑色或蓝黑色,稍有光泽,无白粉。

太子山保护区各保护站均有分布,生于海拔2900~3600米的高山地带。

圆柏

Sabina chinensis

柏科圆柏属

常绿乔木；树皮纵裂成条片开裂。叶二型；刺叶生于幼树之上，老龄树则全为鳞叶，壮龄树兼有刺叶与鳞叶；鳞叶 3 叶轮生或交互对生，直伸而紧密，近披针形，长 2.5~5 毫米；刺叶 3 枚轮生，斜展，疏松，披针形，长 6~12 毫米，上面微凹，有 2 条白粉带。雌雄异株，稀同株，球花单生枝顶；雄球花长 2.5~3.5 毫米，雄蕊 5~7 对。球果近圆球形，径 6~8 毫米，熟时暗褐色。

太子山保护区有分布，生于海拔 2300~2500 米的山坡。

方枝柏

Sabina saltuaria

柏科圆柏属

常绿乔木；树皮裂成薄片状脱落。小枝四棱形，稍成弧状弯曲，径 1~1.2 毫米。叶二型；鳞叶交叉对生或轮生，成 4 列排列，紧密，菱状卵形，长 1~4 毫米；幼树之叶刺形，3 叶轮生，长 4.5~6 毫米，上部渐窄成锐尖头，上面凹下，微被白粉。雌雄同株，球花单生枝顶；雄球花近圆球形，长约 2 毫米。球果直立，卵圆形或近圆球形，长 5~8 毫米，熟时黑色或蓝黑色，无白粉。

太子山保护区有零星分布，生于海拔 2400~4300 米的山地。

大果圆柏

Sabina tibetica

柏科圆柏属

常绿乔木，树皮灰褐色，裂成不规则薄片脱落。叶有刺叶与鳞叶；鳞叶交互对生；刺形叶3枚轮生，上面有白粉。球果卵圆形或近圆球形，成熟前绿色或有黑色小斑点，熟时红褐色、褐色至黑色或紫黑色，长9~16毫米，直径7~13毫米，肉质，不开裂，内有1粒种子。

太子山保护区有零星分布，生于海拔2800~3900米的地带。

祁连圆柏

Sabina przewalskii

柏科圆柏属

常绿乔木；生鳞形叶的小枝近方形或圆柱形，直或稍弧状弯曲。鳞形叶，常有蜡粉，交互对生，排列较密或松，先端锐尖或尖；腺体圆形，生于叶背基部；刺形叶轮生，斜展，球果卵圆形或近球形，熟后蓝黑色或黑色，内有1粒种子；种子扁圆形或宽倒卵形，顶端宽圆、平截或微凹，表面有浅而不规则的树脂槽。

太子山保护区新营、东湾、甲滩保护站有分布，生于海拔2600~3500米的高山地带。

刺柏
Juniperus formosana
柏科刺柏属

乔木；树皮褐色，纵裂成长条薄片脱落；枝条斜展或直展，树冠塔形或圆柱形；小枝下垂，三棱形。叶3叶轮生，条状披针形或条状刺形。雄球花圆球形或椭圆形，药隔先端渐尖，背有纵脊。球果近球形或宽卵圆形，熟时淡红褐色，被白粉或白粉脱落，间或顶部微张开；种子半月圆形，近基部有3~4个树脂槽。

太子山保护区有零星分布，生于海拔2300~2400米的山坡上。

中麻黄
Ephedra intermedia
麻黄科麻黄属

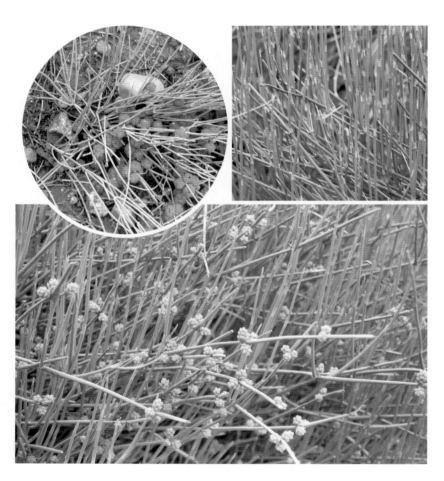

灌木，茎直立，粗壮，基部多分枝；小枝对生或轮生，圆筒形，灰绿色，有节。叶退化成膜质鞘状，上部约1/3分裂，裂片通常3（稀2），钝三角形或三角形。雄球花常数个密集于节上呈团状；雌球花具肉质苞片3~4对，熟时红色，长6~10毫米，径5~8毫米。

太子山保护区有零星分布，生于海拔2600~2800米的山坡或草地上。

单子麻黄

Ephedra monosperma

麻黄科麻黄属

草本状矮小灌木；木质茎短小，多分枝，皮多呈褐红色；绿色小枝开展或稍开展，常微弯曲，节间细短。叶 2 片对生，单生枝顶或对生节上，雌球花单生或对生节上，雌球花成熟时肉质红色，微被白粉，卵圆形或矩圆状卵圆形，种子外露，多为 1 粒。

太子山保护区新营保护站有分布，生于海拔 2480~4000 米的山坡石缝中。

华西箭竹

Fargesia nitida

禾本科箭竹属

竿丛生或近散生。竿芽长卵形，边缘具灰色纤毛。箨鞘宿存，革质，三角状椭圆形，背面无毛或初时被有稀疏的灰白色小硬毛，边缘常无纤毛；箨舌圆拱形，紫色，边缘幼时密生短纤毛；子房椭圆形，无毛，花柱 1，柱头 3，羽毛状。颖果卵状椭圆形，黄褐色至深褐色，无毛。花期 5~8 月，果期 8~9 月。

太子山保护区零星分布，生于海拔 2200~2800 米的林下。

箭竹

Fargesia spathacea

禾本科箭竹属

竿丛生或近散生。竿芽卵圆形或长卵形，边缘具灰黄色短纤毛。微被白粉，实心或几实心。箨鞘宿存或迟落，革质，长圆状三角形，稍短或近等长乃至长于节间，先端微作拱形，背面被棕色刺毛，纵向脉纹明显，边缘幼时生有棕色纤毛；子房长椭圆形，无毛，花柱1，柱头2，羽毛状。颖果椭圆形，浅褐色，无毛。花期4月，果期5月。

太子山保护区广泛分布，生于海拔2500~2900米的林下。

披碱草

Elymus dahuricus

禾本科披碱草属

多年生草本，秆疏丛，直立。叶鞘光滑无毛；叶片扁平，上面粗糙，下面光滑，有时呈粉绿色。穗状花序直立，较紧密；穗轴边缘具小纤毛；小穗绿色，成熟后变为草黄色；颖披针形或线状披针形，有3~5明显而粗糙的脉；外稃披针形，上部具5条明显的脉；内稃与外稃等长，先端截平，脊上具纤毛，脊间被稀少短毛。

太子山保护区有分布，多生于山坡草地或路边。

野燕麦

Avena fatua

禾本科燕麦属

一年生草本，秆直立。光滑无毛，具2~4节。叶鞘松弛，光滑或基部者被微毛；叶片扁平，微粗糙，上面和边缘疏生柔毛。圆锥花序开展，金字塔形，分枝具棱角，粗糙；小穗轴密生淡棕色或白色硬毛；颖草质；外稃质地坚硬，背面中部以下具淡棕色或白色硬毛，芒柱棕色。颖果被淡棕色柔毛，腹面具纵沟。花果期4~9月。

太子山保护区有分布，生于荒芜田野或山坡草地。

菵草

Beckmannia syzigachne

禾本科菵草属

一年生草本，秆直立。叶鞘无毛，多长于节间；叶片扁平，粗糙或下面平滑。圆锥花序，分枝稀疏，直立或斜升；小穗扁平，圆形，灰绿色；颖草质；边缘质薄，白色，背部灰绿色，具淡色的横纹；花药黄色。颖果黄褐色，长圆形，先端具丛生短毛。花果期4~10月。

太子山保护区有分布，生于海拔3700米以下的水沟边。

芨芨草

Achnatherum splendens

禾本科芨芨草属

多年生草本，秆直立，坚硬，内具白色的髓，节多聚于基部，平滑无毛，基部宿存枯萎的黄褐色叶鞘。叶鞘无毛，具膜质边缘；叶舌三角形或尖披针形；叶片纵卷，质坚韧，上面脉纹凸起，微粗糙，下面光滑无毛。开花时呈金字塔形开展，主轴平滑，基部裸露；颖膜质，披针形，顶端尖或锐尖，顶端具毫毛。花果期6~9月。

太子山保护区有分布，生于海拔2600~4000米的山坡上。

醉马草

Achnatherum inebrians

禾本科芨芨草属

多年生草本。秆直立，少数丛生，平滑，叶鞘稍粗糙，叶鞘口具微毛；圆锥花序紧密呈穗状；小穗灰绿色或基部带紫色，成熟后变褐铜色，颖膜质，几等长，先端尖常破裂，微粗糙，具3脉；外稃长约4毫米，背部密被柔毛，顶端具2微齿，具3脉；内稃具2脉，脉间被柔毛；花药长约2毫米，顶端具毫毛。颖果圆柱形。花果期7~9月。

太子山保护区有分布，生于海拔2400~3300米的山坡草地、路旁。

金色狗尾草

Setaria glauca

禾本科狗尾草属

一年生草本，单生或丛生。秆直立或基部倾斜膝曲，近地面节可生根，光滑无毛。叶鞘下部扁压具脊，上部圆形，光滑无毛，边缘薄膜质，光滑无纤毛；叶片线状披针形或狭披针形，先端长渐尖，基部钝圆，上面粗糙，下面光滑，近基部疏生长柔毛。花果期 6~10 月。

太子山保护区有分布，生于林边、山坡。

光稃香草

Hierochloe glabra

禾本科茅香属

多年生。根茎细长。叶鞘密生微毛，长于节间；叶舌透明膜质，先端啮蚀状；叶片披针形，质较厚，上面被微毛，秆生者较短，基生者较长而窄狭。圆锥花序；小穗黄褐色，有光泽；雄花外稃等长或较长于颖片，背部向上渐被微毛或几乎无毛，边缘具纤毛；两性花外稃锐尖，上部被短毛。花果期 6~9 月。

太子山保护区有分布，生于山坡或湿润草地。

鹅观草

Roegneria kamoji

禾本科鹅观草属

多年生草本，秆直立或基部倾斜。叶鞘外侧边缘常具纤毛；叶片扁平。穗状花序，弯曲或下垂；小穗绿色或带紫色；颖卵状披针形至长圆状披针形，先端锐尖至具短芒，边缘为宽膜质；外稃披针形，具有较宽的膜质边缘，背部以及基盘近于无毛或仅基盘两侧具有极微小的短毛，先端延伸成芒，茎直或上部稍有曲折；内稃约与外稃等长，先端钝头，脊显著具翼，翼缘具有细小纤毛。

太子山保护区有分布，生于海拔 2300~2500 米的山坡和湿润草地。

团序苔草

Carex agglomerata

莎草科苔草属

多年生草本。根状茎丛生。秆纤细，三棱柱形，基部具紫色叶鞘。苞片短叶状，长于花序，无苞鞘；雌花鳞片披针状卵形，顶端渐尖，具短芒尖，中间麦秆黄色，两侧淡褐色，中肋粗糙。果囊斜张，卵状披针形，有三棱，较鳞片长，黄绿色，具少数脉。小坚果倒卵形，有三棱。花柱基部不增大，柱头 3。

太子山保护区有分布，生于海拔 2200~3200 米的山坡地带。

细叶苔草

Carex rigescens

莎草科苔草属

多年生草本。具细长根状茎。叶基生。叶片纤细。花穗顶生，小穗具少数花，紧密排成卵状；苞片广卵形，膜质，红褐色，先端锐尖；小穗雄雌性，雄花在上，花药线形；雌花鳞片卵形，先端尖锐，中部红褐色，具透明膜质边缘。果囊卵状披针形，下部黄褐色，顶部具喙，膜质；柱头2个。花果期4~6月。

太子山保护区有分布，生于海拔2200~2600米的山坡林缘地带。

苔草

Carex tristachya

莎草科苔草属

多年生草本。具根状茎。其秆三棱柱形。叶线形。小穗1至多数，穗状、总状或圆锥状，上部小穗为雄花，下部小穗为雌花，稀异株。花单性，无花被。雄花具1鳞片和3雄蕊；雌花位鳞片内。花柱1，柱头2~3。

太子山保护区有分布，生于海拔2200~2500米的杂木林中。

一把伞南星

Arisaema erubescens

天南星科天南星属

多年生草本，块茎扁球形。鳞叶绿白或粉红色，有紫褐色斑纹。叶放射状分裂，披针形至椭圆形。佛焰苞绿色，背面有白色或淡紫色条纹；雄肉穗花序花密，雄花淡绿至暗褐色，附属器下部光滑；雌花序附属器棒状或圆柱形。浆果红色。

太子山保护区有分布，生于海拔 2300~2600 米的山地一带。

葱状灯心草

Juncus allioides

灯心草科灯心草属

多年生草本，高 10~55 厘米；根状茎横走，具褐色细弱的须根。茎稀疏丛生，直立，圆柱形，有纵条纹，绿色，光滑。叶基生和茎生；低出叶鳞片状，褐色；叶耳显著，长 2~3 毫米，钝圆。头状花序单一顶生，苞片 3~5 枚。

太子山保护区有分布，生于海拔 2200~2500 米的山坡林地一带。

展苞灯心草
Juncus thomsonii
灯心草科灯心草属

　　多年生草本，高（5）10~20
（30）厘米；根状茎短，具褐色须
根。茎直立，淡绿色。叶全部基
生，叶鞘红褐色，边缘膜质；叶耳
明显，钝圆。头状花序单一顶生，
花被片长圆状披针形，黄色或淡
黄白色，后期背部变成褐色。蒴
果三棱状椭圆形，顶端有短尖头，
具3个隔膜，成熟时红褐色至黑
褐色。种子圆形。

　　太子山保护区有分布，生于
海拔2200~3100米的山坡林缘地
带。

喜马灯心草
Juncus himalensis
灯心草科灯心草属

　　多年生草本，高30~70厘米；
根状茎较短而直伸，具稍粗须根。
茎直立，圆柱形，较粗壮，直径
1~2.5毫米，具纵条纹，绿色。叶
基生和茎生；鞘状抱茎，暗褐色
或红褐色。花序由3~7（稀更多）
个头状花序组成顶生聚伞花序，
头状花序通常聚集而靠近。蒴果
三棱状长圆形，淡绿色或淡黄色，
成熟时黄褐色。种子长圆形。

　　太子山保护区有分布，生于
海拔2300~2700米的山坡杂木林
中。

洼瓣花

Lloydia serotina

百合科洼瓣花属

植株高 10~20 厘米。鳞茎狭卵形，上端延伸，上部开裂。基生叶通常 2 枚，很少仅 1 枚，短于或有时高于花序，宽约 1 毫米；茎生叶狭披针形或近条形。花 1~2 朵；内外花被片近相似，白色而有紫斑。蒴果近倒卵形，略有三钝棱，长宽各 6~7 毫米，顶端有宿存花柱。种子近三角形，扁平。

太子山保护区有分布，生于海拔 3000~4100 米的高山草地上。

甘肃贝母

Fritillaria przewalskii

百合科贝母属

植株长 20~40 厘米。鳞茎由 2 枚鳞片组成，直径 6~13 毫米。叶通常最下面的 2 枚对生，上面的 2~3 枚散生，条形。花通常单朵，少有 2 朵的，浅黄色，有黑紫色斑点；叶状苞片 1 枚，先端稍卷曲或不卷曲；花药近基着，花丝具小乳突；柱头裂片通常很短。蒴果长约 1.3 厘米，宽 1~1.2 厘米，棱上的翅很狭，宽约 1 毫米。

太子山保护区少有分布，生于海拔 2500~2900 米的灌丛中或草地上。

细叶百合

Lilium pumilum

百合科百合属

　　鳞茎卵形或圆锥形，鳞片矩圆形或长卵形，茎高 15~60 厘米，有小乳头状突起，有的带紫色条纹。叶散生于茎中部，条形，中脉下面突出，边缘有乳头状突起。花单生或数朵排成总状花序，鲜红色，通常无斑点，有时有少数斑点，下垂。蒴果矩圆形。花期 7~8 月，果期 9~10 月。

　　太子山保护区广泛分布。生于海拔 2400~2600 米的山坡草地或林缘。

七筋姑

Clintonia udensis

百合科七筋姑属

　　根状茎较硬，粗约 5 毫米，有撕裂成纤维状的残存鞘叶。叶 3~4 枚，纸质或厚纸质，椭圆形、倒卵状矩圆形或倒披针形，无毛或幼时边缘有柔毛，先端骤尖，基部成鞘状抱茎或后期伸长成柄状。花葶密生白色短柔毛；总状花序有花 3~12 朵，花梗密生柔毛。种子卵形或梭形。

　　太子山保护区有分布，生于海拔 2400~3200 米的高山林下。

舞鹤草

Maianthemum bifolium

百合科舞鹤草属

根状茎细长。茎高 8~20（25）厘米，无毛或散生柔毛。总状花序直立；花序轴有柔毛或乳头状突起；花白色，直径 3~4 毫米，单生或成对。花梗细；花被片矩圆形；花丝短于花被片；花药卵形，黄白色。浆果直径 3~6 毫米。种子卵圆形，直径 2~3 毫米，种皮黄色，有颗粒状皱纹。

太子山保护区有分布，生于海拔 2700~3200 米的高山林下。

扭柄花

Streptopus obtusatus

百合科扭柄花属

根状茎纤细，粗 1~2 毫米；根多而密，有毛。茎直立，不分枝或中部以上分枝，光滑。叶卵状披针形或矩圆状卵形。花单生于上部叶腋，貌似从叶下生出，淡黄色，内面有时带紫色斑点，下垂；花被片近离生，矩圆状披针形或披针形，上部呈镰刀状；浆果直径 6~8 毫米。花果期 7~9 月。

太子山保护区有分布，生于海拔 2400~3600 米的山坡针叶林下。

轮叶黄精

Polygonatum verticillatum

百合科黄精属

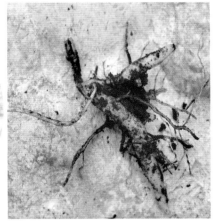

　　根状茎的一头粗，一头较细，少有根状茎为连珠状。叶通常为3叶轮生，或间有少数对生或互生的，少有全株为对生的，矩圆状披针形至条状披针形或条形。花单朵或2~4朵成花序。浆果红色，直径6~9毫米。花期5~6月，果期8~10月。

　　太子山保护区有零星分布，生于海拔2400~2900米的林下或山坡草地。

黄精

Polygonatum sibiricum

百合科黄精属

　　根状茎圆柱状，由于结节膨大，因此"节间"一头粗、一头细，在粗的一头有短分枝，直径1~2厘米。茎高50~90厘米，或可达1米以上，有时呈攀缘状。叶轮生，每轮4~6枚，条状披针形，花序通常具2~4朵花，似成伞形状，浆果直径7~10毫米，黑色，具4~7颗种子。

　　太子山保护区有分布，生于海拔2400~2800米的灌丛或山坡。

北重楼

Paris verticillata

百合科重楼属

植株高 25~60 厘米；根状茎细长，直径 3~5 毫米。茎绿白色，有时带紫色。叶（5）6~8 枚轮生，披针形、狭矩圆形、倒披针形或倒卵状披针形，花药长约 1 厘米，花丝基部稍扁平，长 5~7 毫米；药隔突出部分长 6~8（10）毫米；子房近球形，紫褐色，顶端无盘状花柱基，花柱具 4~5 分枝，分枝细长，并向外反卷，比不分枝部分长 2~3 倍。蒴果浆果状，不开裂，直径约 1 厘米，具几颗种子。

太子山保护区有分布，生于海拔 2400~2800 米的山坡林下、草丛。

鞘柄菝葜

Smilax stans

百合科菝葜属

灌木或半灌木，直立或披散。叶卵形，卵状披针形或近圆形，下面稍苍白色；叶柄长 5~12 毫米，向基部渐宽成鞘状。花单性，雌雄异株，绿黄色，有时淡红色，1~3 朵或数朵排成伞形花序；总花梗纤细，比叶柄长 3~5 倍。浆果球形，熟时黑色。

太子山保护区有分布，生于海拔 2500~3200 米的林下、灌丛或山坡。

糙柄菝葜

Smilax trachypoda

百合科菝葜属

　　落叶小灌木，直立。茎近圆筒形；小枝绿色，具角棱。单叶，互生，纸质，卵形或宽卵形，边缘全缘或稍呈微波状；花黄绿色；数花组成伞形花序，腋生；总花梗纤细，花药为花被片的一半；浆果球形，直径 6~10 毫米，熟时黑色，外被白粉；种子 1~2 粒，橘红色，直径 3~4 毫米。花期 5~6 月，果期 10 月。

　　太子山保护区有分布，生于海拔 2500~2800 米的林下、灌丛中或山坡。

防己叶菝葜

Smilax menispermoidea

百合科菝葜属

　　攀缘灌木。枝条无刺。叶纸质，卵形或宽卵形，先端急尖并具尖凸，基部浅心形至近圆形；叶柄长 5~12 毫米。伞形花序具几朵至 10 余朵花；花紫红色；雄蕊较短，长 0.6~1 毫米；花丝合生成短柱，雌花稍小或和雄花近等大，具 6 枚退化雄蕊，通常其中 1~3 枚具不育花药。浆果直径 7~10 毫米，熟时紫黑色。花期 5~6 月，果期 10~11 月。

　　太子山保护区有分布，生于海拔 2500~3000 米的林下、灌丛中或山坡。

西藏杓兰

Cypripedium tibeticum

兰科杓兰属

植株高 15~35 厘米,具粗壮、较短的根状茎。茎直立,无毛或上部近节处被短柔毛,基部具数枚鞘,鞘上方通常具 3 枚叶,罕有 2 或 4 枚叶。叶片椭圆形、卵状椭圆形或宽椭圆形,长 8~16 厘米,宽 3~9 厘米,先端急尖、渐尖或钝,无毛或疏被微柔毛,边缘具细缘毛。花大,俯垂,紫色、紫红色或暗栗色。花期 5~8 月。

太子山保护区零星分布,生于海拔 2300~3700 米的沟谷、山地一带。

绥草

Spiranthes sinensis

兰科绥草属

多年生矮小草本。叶片宽线形或宽线状披针形,极罕为狭长圆形,直立伸展,基部收狭具柄状抱茎的鞘。花茎直立,上部被腺状柔毛至无毛;总状花序具多数密生的花,呈螺旋状扭转;花小,紫红色、粉红色或白色,在花序轴上呈螺旋状排生;花瓣斜菱状长圆形,先端钝,与中萼片等长但较薄。花期 7~8 月。

太子山保护区有分布,生于海拔 2400~2800 米的山地灌丛中。

广布红门兰

Orchis chusua

兰科红门兰属

植株高 5~45 厘米。块茎长圆形或圆球形，长 1~1.5 厘米，直径约 1 厘米，肉质，不裂。茎直立，圆柱状，纤细或粗壮，基部具 1~3 枚筒状鞘，鞘之上具 1~5 枚叶，多为 2~3 枚，叶之上不具或具 1~3 枚小的、披针形苞片状叶。叶片长圆状披针形、披针形或线状披针形至线形，长 3~15 厘米，宽 0.2~3 厘米，上面无紫色斑点，先端急尖或渐尖，基部收狭成抱茎的鞘。

太子山保护区零星分布，生于海拔 2400~3800 米的高山草甸地。

凹舌兰

Coeloglossum viride

兰科凹舌兰属

地生草本，块茎肉质，前部掌状分裂，颈部生数条细长的根。叶互生，直伸，窄倒卵状长圆形、椭圆形或椭圆状披针形，基部鞘状抱茎。总状花序顶生，花多数，较密生；花绿黄或绿色，直伸，倒置；柱头 1 枚，圆形，位于蕊喙下面中央。花期 5~8 月，果期 9~10 月。

太子山保护区零星分布，生于海拔 2500~3900 米的山坡、山梁地带。

蜻蜓兰

Tulotis fuscescens

兰科蜻蜓兰属

　　植株高 20~60 厘米。根状茎指状，肉质，细长。茎粗壮，直立，茎部具 1~2 枚筒状鞘，鞘之上具叶，茎下部的 2（3）枚叶较大，大叶片倒卵形或椭圆形，直立伸展，长 6~15 厘米，宽 3~7 厘米，先端钝，基部收狭成抱茎的鞘，在大叶之上具 1 至几枚苞片状小叶。总状花序狭长，具多数密生的花；花苞片狭披针形，直立伸展，常长于子房，花苞片狭披针形。

　　太子山保护区有分布，生于海拔 2300~3800 米的山坡林下或沟边。

一花无柱兰

Amitostigma monanthum

兰科无柱兰属

　　植株高 6~10 厘米。块茎小，卵球形或圆球形，肉质。茎纤细，直立或近直立，顶生 1 朵花。叶片披针形、倒披针状匙形或狭长圆形，先端急尖或钝，基部收狭成抱茎的鞘。花苞片线状披针形，先端急尖；萼片先端钝，具 1 脉，中萼片直立；侧萼片狭长圆状椭圆形；花瓣直立，斜卵形。花期 7-8月。

　　太子山保护区有分布，生于海拔 2800~4000 米的高山潮湿草地中。

兜被兰

Neottianthe pseudodiphylax

兰科兜被兰属

　　地生草本。块茎球形或卵形。茎基部具 2 枚近对生的叶，其上具 1~4 小叶。叶卵形、卵状披针形或椭圆形，先端尖或渐尖，基部短鞘状抱茎，上面有时具紫红色斑点。花序具几朵至 10 余花，常偏向一侧；花瓣披针状线形，距细圆筒状锥形。花期 8~9 月。

　　太子山保护区有分布，生于海拔 3000~3700 米的山坡林下。

沼兰

Malaxis monophyllos

兰科沼兰属

　　地生草本。假鳞茎卵形，较小。叶通常 1 枚，较少 2 枚，斜立，卵形、长圆形或近椭圆形。花葶直立，除花序轴外近无翅；总状花序，具数十朵或更多的花；花苞片披针形；花瓣近丝状或极狭的披针形。蒴果倒卵形或倒卵状椭圆形，长 6~7 毫米，宽约 4 毫米；果梗长 2.5~3 毫米。花果期 7~8 月。

　　太子山保护区零星分布，生于海拔 2400~2600 米的河谷地带。

山杨

Populus davidiana

杨柳科杨属

　　乔木。树皮光滑灰绿色或灰白色，树冠圆形。小枝圆筒形，光滑，赤褐色。芽卵形或卵圆形。叶三角状卵圆形或近圆形，先端钝尖、急尖或短渐尖，基部圆形、截形或浅心形，边缘有密波状浅齿；叶柄侧扁。花序轴有疏毛或密毛；雄花序长5~9厘米，花药紫红色；雌花序长4~7厘米。果序长达12厘米；蒴果卵状圆锥形。花期4月，果期4~5月。

　　太子山保护区均有分布，生于海拔2400~2700米的山坡、沟谷地带。

小叶杨

Populus simonii

杨柳科杨属

　　乔木，高达20米。树皮幼时灰绿色，老时暗灰色，沟裂；树冠近圆形。芽细长，先端长渐尖，褐色，有黏质。叶菱状卵形、菱状椭圆形或菱状倒卵形，边缘平整，细锯齿；叶柄圆筒形。雄花序长2~7厘米，花序轴无毛；雌花序长2.5~6厘米；苞片淡绿色，裂片褐色，无毛，柱头2裂。果序长达15厘米；蒴果小。花期3~5月，果期4~6月。

　　太子山保护区有分布，生于海拔2400~2600米的沟谷地带。

青杨

Populus cathayana

杨柳科杨属

乔木。树冠阔卵形；树皮初光滑，灰绿色，老时暗灰色，沟裂。枝圆柱形，有时具角棱，幼时橄榄绿色，后变为橙黄色至灰黄色，无毛。芽长圆锥形，无毛，紫褐色或黄褐色，多黏质。叶柄圆柱形。雄花序长5~6厘米，雄蕊30~35；果序长10~20厘米。蒴果卵圆形。花期3~5月，果期5~7月。

太子山保护区有分布，生于海拔2400~2800米的沟谷地带。

冬瓜杨

Populus purdomii

杨柳科杨属

乔木，高达30米。树皮幼时灰绿色，老时暗灰色，纵裂，呈片状；树冠圆形。小枝圆柱形，无毛，浅黄褐色或灰色。芽急尖。叶卵形或宽卵形，边缘细锯齿或圆锯齿，上面亮绿色，沿脉具疏柔毛，下面带白色，沿脉有毛，后渐脱落；叶柄圆柱形。果序长达13厘米，无毛；蒴果球状卵形，长约7毫米，无梗或近无梗，2~4瓣裂。花期4~5月，果期5~6月。

太子山保护区东湾保护站有分布，生于海拔2400~2700米的山谷和小溪旁。

康定柳

Salix paraplesia

杨柳科柳属

　　小乔木。叶倒卵状椭圆形或椭圆状披针形，稀披针形，先端渐尖或尖，基部楔形，下面带白色，两面无毛，有细腺锯齿；叶柄长5~8毫米，无毛。花叶同放，密生；花序梗长，具3~5叶；花序轴有柔毛。果序长达5厘米；蒴果卵状圆锥形，长约9毫米。花期4~5月，果期6~7月。

　　太子山保护区有广泛分布，生于海拔2300~3000米的河谷。

旱柳

Salix matsudana

杨柳科柳属

　　乔木，大枝斜上，树冠广圆形；树皮暗灰黑色，有裂沟；枝细长，直立或斜展，浅褐黄色或带绿色。叶披针形，先端长渐尖，基部窄圆形或楔形，有细腺锯齿缘，幼叶有丝状柔毛；叶柄短，在上面有长柔毛；托叶披针形或缺，边缘有细腺锯齿。花序与叶同时开放；雄花序圆柱形，雌花序较雄花序短，果序长达2.5厘米。花期4月，果期4~5月。

　　太子山保护区有分布，生于海拔2400~3600米的地带。

黑水柳

Salix heishuiensis

杨柳科柳属

　　灌木，高达 4 米。单叶互生，狭披针形至狭长椭圆形，长达 4.5 厘米，宽达 1 厘米，下面密被平伏柔毛，边全缘或有不明显细腺齿；叶柄长 2~5 毫米，有毛。柔荑花序长 1~1.5 厘米，粗约 3 毫米，密花，轴有绒毛；雄蕊 2，离生；子房无柄，无毛，卵状椭圆形。果序长 2.5 厘米，粗约 7 毫米；蒴果长 2.5~3 毫米，柄极短。

　　太子山保护区有分布，生于海拔 3200~4100 米的地带。

丝毛柳

Salix luctuosa

杨柳科柳属

　　灌木，高 1.5~3 米。单叶互生，椭圆形或狭椭圆形，长 1~4 厘米，宽 5~15 毫米，下面初有绢质柔毛，后近无毛，两端钝，全缘；叶柄长 1~3 毫米，有疏柔毛。雄花序长 3~4.5 厘米，粗 6~9 毫米，花序梗基部有 3~4 小叶，花密生，雄蕊 2，腹腺 1，背腺有或无；雌花序长 3 厘米，粗约 6 毫米，花序梗基部有 2~3 小叶，仅 1 腹腺。果序长达 5 厘米；蒴果长约 3 毫米。

　　太子山保护区有分布，生于海拔 2500~3000 米的沟谷灌丛或杂木林中。

山生柳

Salix oritrepha

杨柳科柳属

直立矮小灌木，高 60~120 厘米。幼枝被灰绒毛，后无毛。叶椭圆形或卵圆形，先端钝或急尖，基部圆形或钝，上面绿色，具疏柔毛或无毛，全缘；叶柄紫色，具短柔毛或近无毛。雄花序圆柱形，花密集，花序梗短；雌花序长 1~1.5 厘米，粗约 1 厘米，花密生，花序梗长 3~7 毫米；苞片宽倒卵形，两面具毛，深紫色。花期 6 月，果期 7 月。

太子山保护区各沟系有零星分布，生于海拔 3000~3700 米的高山山脊、山坡。

奇花柳

Salix atopantha

杨柳科柳属

灌木，高 1~2 米。小枝黑紫色或黄红色，初有毛，后无毛。叶椭圆状长圆形或长圆形，稀披针形，先端急尖或钝，基部楔形至圆形，上面深绿色，初有柔毛，后无毛，下面带白色，无毛，边缘有不明显的腺锯齿或少数小叶全缘。花与叶同时开放，花序长圆形至短圆柱形，雄蕊 2，花药球形。花期 6 月上中旬，果期 7 月。

太子山保护区有分布，生于海拔 2300~2800 米的山坡或山谷。

大苞柳

Salix pseudospissa

杨柳科柳属

灌木，高 1~2 米。小枝较粗壮，多节，无毛，紫黑色或污色。叶倒卵形，长 3~5 厘米，先端微凸尖至急尖，基部圆形，上面暗绿色，下面发白色，两面无毛，边缘有明显的锯齿。花与叶同时开放，长圆状圆柱形，花序梗无或极短，通常有 1~3 小叶，轴有柔毛；苞片倒卵状长圆形，先端圆截形，常有波状凹缺，两面有柔毛，呈覆瓦状包围花丝。花期 6 月。

太子山保护区新营保护站有分布，生于海拔 2800~3600 米的灌丛草甸中和山脊、山坡灌丛中。

匙叶柳

Salix spathulifolia

杨柳科柳属

灌木。枝褐色，无毛。叶倒卵状长圆形，狭倒卵状椭圆形，稀宽倒披针形或椭圆形，先端急尖或钝尖，基部宽楔形或近圆形，上面深绿色，幼时有毛，后无毛，下面苍白色或有白粉，初有长柔毛，后无毛，叶脉凸起，边缘有不规则的细锯齿，稀近全缘；叶柄长达 1.5 厘米。花后叶开放，蒴果卵状长圆形，被灰白色柔毛，无柄或有短柄。花期 6 月上中旬，果期 7 月中旬。

太子山保护区药水保护站有分布，生于海拔 2400~2800 米的高山灌丛或林下。

秦岭柳

Salix alfredii

杨柳科柳属

　　小乔木或灌木，高约 4.5 米。小枝细，一年生枝无毛，幼果期褐紫色，有光泽。叶椭圆形或卵状椭圆形，先端急尖，基部圆形，上面绿色，下面浅绿色或灰蓝色，初有短柔毛，后无毛，幼叶中脉上有长柔毛，全缘；叶柄长 3~5 毫米。花序与叶同时开放，有短梗。幼果序长 2.5~4 厘米，蒴果近球形，散生短柔毛，有明显的柄。花期 5~6 月，果期 7 月。

　　太子山保护区松鸣岩保护站有分布，生于海拔 2200~2700 米的山坡、沟谷杂木中。

中国黄花柳

Salix sinica

杨柳科柳属

　　灌木或小乔木。当年生幼枝有柔毛，后无毛，小枝红褐色。叶形多变化，一般为椭圆形、椭圆状披针形、椭圆状菱形、倒卵状椭圆形，稀披针形或卵形、宽卵形，边缘有不规整的牙齿；叶柄有毛；托叶半卵形至近肾形。花先叶开放；雄花序无梗，宽椭圆形至近球形，开花顺序自上往下；雌花序短圆柱形。蒴果线状圆锥形。花期 4 月下旬，果期 5 月下旬。

　　太子山保护区有分布，生于海拔 2500~2900 米的山坡或林中。

皂柳

Salix wallichiana

杨柳科柳属

灌木或乔木。小枝红褐色、黑褐色或绿褐色。芽卵形，有棱，红褐色或栗色，无毛。叶披针形；全缘，萌枝叶常有细锯齿。花序先叶开放或近同时开放；雄花序长 1.5~3 厘米，粗 1~1.5 厘米；雌花序圆柱形，或向上部渐狭。蒴果长可达 9 毫米，有毛或近无毛，开裂后果瓣向外反卷。花期 4 月中下旬至 5 月初，果期 5 月。

太子山保护区广泛分布，生于海拔 2400~3000 米的山坡、沟边灌丛中。

青皂柳

Salix pseudowallichiana

杨柳科柳属

大灌木或小乔木。一年生枝无毛，暗红色或黄褐色。叶宽卵状椭圆形或倒卵状椭圆形，长 3~5 厘米，宽 1.5~3 厘米，先端急尖，基部圆形，下面粉绿色或发白色，全缘或上部有不规则锯齿。雄花序广椭圆形；苞片先端圆钝，上部紫黑色；雌花序粗，圆柱形，长 3.5 厘米，粗 1.5 厘米；子房长圆锥形，有柔毛，柱头 2 裂；腹腺 1。蒴果，开裂后果瓣向外拳卷。

太子山保护区有分布，生于海拔 2200~3500 米的草地或沟谷。

川滇柳

Salix rehderiana

杨柳科柳属

　　灌木或小乔木。幼枝被密毛，后无毛或有疏毛。叶披针形或倒披针形，长 5~11 厘米，上面具白柔毛，下面淡绿色，有白柔毛或无毛，近全缘或有腺圆锯齿，稀全缘；叶柄具白柔毛，托叶半卵状椭圆形。花序先叶开放或近同放；雄花序椭圆形或短圆柱形，具长柔毛；雌花序圆柱形。蒴果淡褐色。花期 4 月，果期 5~6 月。

　　太子山保护区均有分布，生于海拔 2200~3000 米的水边、林缘或灌丛。

灌柳

Salix rehderiana var. *dolia*

杨柳科柳属

　　灌木或小乔木。小枝褐色或暗褐色。叶披针形至倒披针形，长 5~11 厘米，宽 1.2~2.5 厘米，两面有白柔毛或无毛，边缘近全缘或有腺圆锯齿；叶柄长 2~8 毫米，具白柔毛；托叶半卵状椭圆形，长 7~8 毫米，边缘有腺齿。雄花序椭圆形至短圆柱形，长 1~2 厘米；雌花序圆柱形，长 1~1.5 厘米；子房长圆状卵形，长 4~6 毫米，有柔毛或近无毛。蒴果淡褐色，有毛或无毛。花期 5 月。

　　太子山保护区均有分布，生于海拔 2400~3000 米的水边、林缘或灌丛中。

坡柳

Salix myrtillacea

杨柳科柳属

落叶灌木。小枝暗紫红色或灰黑色。叶互生，倒卵状长圆形或倒披针形，长 3~6 厘米，宽 1~2 厘米，先端急尖，基部近圆形至楔形，两面无毛，边缘有细锯齿；叶柄短。花序长 2~3 厘米，粗 10~13 毫米。蒴果卵形，密被短柔毛。

太子山保护区新营保护站有分布，生于海拔 2500~3800 米的山谷溪流旁或湿润的山坡上。

洮河柳

Salix taoensis

杨柳科柳属

大灌木。小枝红褐色至黑紫色。叶狭倒卵状长圆形至狭倒披针形，长 2~4 厘米，宽 0.5~1 厘米，边缘有锯齿，或向基部全缘；叶柄短。花序长圆形，无梗；雄花序长 1.2~2.5 厘米，粗约 1 厘米；腺体 1；雌花序长约 1 厘米，粗约 7 毫米；子房卵形，无柄，被密毛；仅 1 腹腺。果序长 1.5~4 厘米，无梗，蒴果有毛。花期 5 月上中旬。

太子山保护区广有分布，生于海拔 2200~2700 米的山坡、河滩灌丛和杂木林中。

山毛柳

Salix permollis

杨柳科柳属

乔木。幼枝密被灰色柔毛，呈褐色。单叶对生，稀近对生，披针形或椭圆状披针形，先端短渐尖，基部圆形，上面暗绿色，具白色丝状疏柔毛，下面淡白色，具白柔毛，边缘有疏细齿；叶柄长 1~3 毫米，密被绒毛。花序对生，雄花序基部具 3~4 个密被白色长毛的全缘小叶，雌花序基部具 2 个密被白色长毛的线状小鳞片，苞片椭圆形，黑色。果序长4~5 厘米；蒴果卵状长圆形，具柔毛，2 瓣裂。

太子山保护区有分布，生于海拔 2100~2300 米的山坡。

乌柳

Salix cheilophila

杨柳科柳属

灌木或小乔木。枝初被绒毛或柔毛，后无毛，灰黑色或黑红色。叶线形或线状倒披针形，先端渐尖或具短硬尖，上面绿色疏被柔毛，下面灰白色，密被绢状柔毛，中脉显著突起，边缘外卷，上部具腺锯齿，下部全缘；叶柄长 1~3毫米，具柔毛。花序与叶同时开放，近无梗，苞片倒卵状长圆形，先端钝或微缺，无柄，花柱短或无，柱头小；蒴果长 3 毫米。花期 4~5月，果期 5 月。

太子山保护区新营保护站有分布，生于海拔 2200~2800 米的山坡、山谷和河岸阴湿处。

红皮柳

Salix sinopurpurea

杨柳科柳属

灌木，高 3~4 米。小枝淡绿或淡黄色，无毛；当年枝初有短绒毛，后无毛。叶对生或斜对生，披针形，边缘有腺锯齿，上面淡绿色，下面苍白色，中脉淡黄色，侧脉呈钝角开展，幼时有短绒毛，脉上尤密，成叶两面无毛；叶柄长 3~10 毫米，上面有绒毛；托叶卵状披针形或斜卵形，边缘有凹缺腺齿，下面苍白色。花先叶开放，花序圆柱形。花期 4 月，果期 5 月。

太子山保护区均有分布，生于海拔 2300~3600 米的山沟水边。

毛榛

Corylus mandshurica

桦木科榛属

灌木。叶宽卵形、矩圆形或倒卵状矩圆形，顶端骤尖或尾状，基部心形，边缘具不规则的粗锯齿，上面疏被毛或几无毛，下面疏被短柔毛；叶柄细瘦，疏被长柔毛及短柔毛。果单生或 2~6 枚簇生；果苞管状，在坚果上部缢缩；密被黄色短柔毛。坚果几球形，顶端具小突尖，外面密被白色绒毛。花期 4~5 月，果期 8~9 月。

太子山保护区有分布，生于海拔 2300~3000 米的山坡杂木林下。

虎榛子

Ostryopsis davidiana

桦木科虎榛子属

落叶灌木。枝条密生皮孔。叶互生，卵形或椭圆状卵形，长2~6.5厘米，宽1.5~5厘米，顶端渐尖或锐尖，基部心形或几圆形，缘具重锯齿；下面沿脉密被短柔毛。雄花序短圆柱形，单生。小坚果宽卵球形，长5~6毫米，多枚排成总状，下垂，生于枝顶；果苞上部延伸呈管状，外被密短毛，成熟后一侧开裂，顶端4浅裂。

太子山保护区有分布，生于海拔2300~2700米的山谷和山坡杂木林中。

白桦

Betula platyphylla

桦木科桦木属

乔木；树皮灰白色，成层剥裂；枝条暗灰色或暗褐色，无毛，具或疏或密的树脂腺体或无；小枝暗灰色或褐色。叶厚纸质，三角状卵形、三角状菱形、三角形，顶端锐尖、渐尖至尾状渐尖，基部截形、宽楔形或楔形，有时微心形或近圆形，边缘具重锯齿，下面无毛；叶柄细瘦。果序单生，圆柱形或矩圆状圆柱形，通常下垂；果苞长5~7毫米。小坚果狭矩圆形、矩圆形或卵形。花期4~5月，果期8~9月。

太子山保护区均有分布，生于海拔2300~2800米的山坡。

糙皮桦

Betula utilis

桦木科桦木属

乔木，树皮暗红褐色，呈层剥裂；枝条红褐色，有或无腺体。叶厚纸质，卵形、长卵形至椭圆形或矩圆形，顶端渐尖或长渐尖，边缘具不规则的锐尖重锯齿；上面深绿色，下面密生腺点。果序全部单生或单生兼有 2~4 枚排成总状；果苞长 5~8 毫米。小坚果倒卵形。花期 6~7 月，果期 7~8 月。

太子山保护区均有分布，生于海拔 2400~3200 米的山坡。

红桦

Betula albo-sinensis

桦木科桦木属

乔木；树皮淡红褐色或紫红色，有光泽和白粉，呈薄层状剥落，纸质；枝条红褐色，无毛。叶卵形或卵状矩圆形，顶端渐尖，基部圆形或微心形，边缘具不规则的重锯齿，上面深绿色，下面淡绿色；叶柄长 5~15 厘米，疏被长柔毛或无毛。雄花序圆柱形，无梗；苞鳞紫红色，仅边缘具纤毛。果序圆柱形，单生或同时具有 2~4 枚排成总状；果苞长 4~7 厘米。小坚果卵形，长 2~3 毫米。花期 6 月，果期 9~10 月。

太子山保护区均有分布，生于海拔 2600~3200 米的山坡杂木林中。

辽东栎

Quercus wutaishanica

壳斗科栎属

落叶乔木，高达 15 米。幼枝绿色，无毛，老时灰绿色，具淡褐色圆形皮孔。树皮灰褐色，叶倒卵形或长倒卵形，叶面绿色。雄花序生于新枝基部，雌花序生于新枝上端叶腋，壳斗浅杯形，包着坚果约 1/3。坚果卵形至卵状椭圆形，果脐微突起。花期 4~5 月，果期 9 月。

太子山保护区紫沟、新营、甲滩保护站有分布，生于海拔 2300~2700 米的山坡。

榆树

Ulmus pumila

榆科榆属

落叶乔木。单叶互生，椭圆状卵形、长卵形、椭圆状披针形或卵状披针形，长 2~8 厘米，宽 1.2~3.5 厘米，先端渐尖或长渐尖，基部偏斜或近对称，边缘具重锯齿或单锯齿，叶柄长 4~10 毫米。花先叶开放，在去年生枝的叶腋成簇生状。翅果近圆形，稀倒卵状圆形，长 1.2~2 厘米，果核部分位于翅果的中部。

太子山保护区关滩保护站有零星分布，生于海拔 2700~2900 米的林缘地带。

旱榆

Ulmus glaucescens

榆科榆属

　　落叶乔木。叶互生，卵形至椭圆状披针形，长 2.5~5 厘米，宽 1~2.5 厘米，先端渐尖至尾状渐尖，基部偏斜，楔形或圆，两面无毛，边缘具钝而整齐的单锯齿或近单锯齿；叶柄长 5~8 毫米。花散生于新枝基部或 3~5 簇生于去年生枝上。翅果椭圆形或宽椭圆形，长 2~2.5 厘米，宽 1.5~2 厘米，无毛，果核位于翅果中上部。

　　太子山保护区新营保护站有零星分布，生于海拔 2300~2500 米的林缘地带。

春榆

Ulmus davidiana

var. *japonica*

榆科榆属

　　落叶乔木或灌木状，高达 15 米；树皮浅灰色或灰色，纵裂成不规则条状；冬芽卵圆形。叶倒卵形或倒卵状椭圆形，稀卵形或椭圆形，边缘具重锯齿。花在去年生枝上排成簇状聚伞花序。翅果倒卵形或近倒卵形，果翅通常无毛。花果期 4~5 月。

　　太子山保护区有零星分布，生于海拔 2300~2600 米的山坡杂木林中或山谷灌丛中。

啤酒花

Humulus lupulus

桑科葎草属

多年生攀缘草本，茎、枝和叶柄密生绒毛和倒钩刺。叶卵形或宽卵形，边缘具粗锯齿，表面密生小刺毛，背面疏生小毛和黄色腺点；叶柄长不超过叶片。雄花排列为圆锥花序；苞片呈覆瓦状排列为一近球形的穗状花序。果穗球果状，直径 3~4 厘米。花期秋季。

太子山保护区有分布，生于海拔 2300~2800 米的灌木丛中。

麻叶荨麻

Urtica cannabina

荨麻科荨麻属

多年生草本；茎四棱形，疏生刺毛。叶片轮廓五角形，掌状 3 全裂，一回裂片再羽状深裂。雄花序圆锥状，生下部叶腋；雌花序穗状，生上部叶腋。瘦果狭卵形。

太子山保护区广泛分布，生于海拔 2300~2700 米的山坡灌丛中。

宽叶荨麻
Urtica laetevirens
荨麻科荨麻属

　　多年生草本；茎纤细。叶卵形或披针形，边缘除基部和先端全缘外，有锐或钝的牙齿形。雄花序近穗状，生上部叶腋；雌花序近穗状，生下部叶腋。瘦果卵形，双凸透镜状。

　　太子山保护区有分布，生于海拔 2200~2600 米的灌丛中。

裂叶荨麻
Urtica lotabifolia
荨麻科荨麻属

　　多年生草本。叶近膜质，宽卵形、椭圆形、五角形或近圆形轮廓；托叶草质，绿色，宽矩圆状卵形至矩圆形，先端钝圆，被微柔毛和钟乳体。雌雄同株，雌花序生上部叶腋，雄的生下部叶腋，稀雌雄异株；花序圆锥状，具少数分枝，有时近穗状。花期 8~10 月，果期 9~11 月。

　　太子山保护区有分布，生于海拔 2300~2700 米的山坡河谷地带。

急折百蕊草

Thesium refractum

檀香科百蕊草属

多年生草本；茎具棱。叶互生，条形，常具1脉。花小，白色，两性，单朵腋生，基部有3枚展开的小苞片；花被长约2毫米，下部筒状，上部5裂。坚果卵形。

太子山保护区有分布，生于海拔2300~2700米的灌丛中。

槲寄生

Viscum coloratum

桑寄生科槲寄生属

灌木，高0.3~0.8米。叶对生，厚革质或革质，长椭圆形至椭圆状披针形。雌雄异株；花序顶生或腋生于茎叉状分枝处；花蕾时卵球形；花药椭圆形；花托卵球形；柱头乳头状。果球形，具宿存花柱，成熟时淡黄色或橙红色，果皮平滑。花期4~5月，果期9~11月。

太子山保护区药水、新营保护站有分布，生于海拔2600米左右的阔叶林中，寄生于杨、桦、山楂树上。

何首乌

Fallopia multiflora

蓼科何首乌属

多年生草本。块根肥厚，长椭圆形，黑褐色。茎缠绕，长2~4米，多分枝，具纵棱，无毛，微粗糙，下部木质化。叶卵形或长卵形，顶端渐尖，基部心形或近心形，两面粗糙，边缘全缘；花序圆锥状，顶生或腋生，苞片三角状卵形，具小突起，顶端尖，花被5深裂，白色或淡绿色，花被片椭圆形，大小不相等。

太子山保护区有分布，生于海拔2300~2600米的山坡杂木林中。

萹蓄

Polygonum aviculare

蓼科蓼属

一年生草本。茎平卧、上升或直立，高10~40厘米，自基部多分枝，具纵棱。叶椭圆形、狭椭圆形或披针形。花单生或数朵簇生于叶腋，遍布于植株。瘦果卵形，具3棱，长2.5~3毫米，黑褐色，密被由小点组成的细条纹，无光泽，与宿存花被近等长或稍超过。花期5~7月，果期6~8月。

太子山保护区广泛分布，生于海拔2200~2600米的河谷、路边地带。

酸模叶蓼

Polygonum lapathifolium

蓼科蓼属

一年生草本，高 40~90 厘米。叶披针形或宽披针形，基部楔形，上面绿色，常有一个大的黑褐色新月形斑点，两面沿中脉被短硬伏毛，全缘。总状花序呈穗状，褐色，有光泽，包于宿存花被内。

太子山保护区广泛分布，生于海拔 2350~2800 米的山坡杂木林中。

珠芽蓼

Polygonum viviparum

蓼科蓼属

多年生草本。根状茎粗壮，弯曲，黑褐色，直径 1~2 厘米。茎直立，高 15~60 厘米，不分枝，通常 2~4 条自根状茎发出。总状花序呈穗状，顶生，紧密，下部生珠芽；苞片卵形，膜质，每苞内具 1~2 花；花梗细弱；花被 5 深裂，白色或淡红色；花被片椭圆形，长 2~3 毫米；深褐色，有光泽，长约 2 毫米，包于宿存花被内。花期 5~7 月，果期 7~9 月。

太子山保护区有分布，生于海拔 2300~2700 米的山坡林地中。

支柱蓼

Polygonum suffultum

蓼科蓼属

　　多年生草本。根状茎粗壮，通常呈念珠状，黑褐色，茎直立或斜上，细弱，上部分枝或不分枝，通常数条自根状茎发出，基生叶卵形或长卵形，顶端渐尖或急尖，基部心形，全缘，疏生短缘毛，茎生叶卵形，较小，具短柄，最上部的叶无柄，抱茎；花被5深裂，白色或淡红色，花被片倒卵形或椭圆形，柱头头状。瘦果宽椭圆形。

　　太子山保护区有分布，生于海拔2200~2600米的河谷地带。

圆穗蓼

Polygonum macrophyllum

蓼科蓼属

　　多年生草本。根状茎粗壮，弯曲，直径1~2厘米。茎直立，不分枝，2~3条自根状茎发出。基生叶长圆形或披针形，顶端急尖，基部近心形，上面绿色，下面灰绿色，有时疏生柔毛，边缘叶脉增厚，外卷。总状花序呈短穗状，顶生，苞片膜质，卵形，顶端渐尖，花被5深裂，淡红色或白色；花被片椭圆形，花药黑紫色。瘦果卵形，具3棱，黄褐色。

　　太子山保护区有分布，生于海拔2200~2600米的山坡林地中。

尼泊尔蓼

Polygonum nepalense

蓼科蓼属

一年生草本。茎外倾或斜上，自基部多分枝，无毛或在节部疏生腺毛。花序头状，顶生或腋生，基部常具1叶状总苞片，花序梗细长，上部具腺毛；苞片卵状椭圆形，通常无毛，边缘膜质，每苞内具1花；花梗比苞片短；花被通常4裂，淡紫红色或白色。瘦果宽卵形，双凸镜状，长2~2.5毫米，黑色，密生洼点，无光泽，包于宿存花被内。

太子山保护区有分布，生于海拔2300~3500米的山坡林地中。

冰川蓼

Polygonum glaciale

蓼科蓼属

一年生矮小草本。茎细弱，自基部分枝，无毛，高10~15厘米；分枝极多，铺散。叶卵形或宽卵形，叶柄与叶片近等长或比叶片长，上部具狭翅。花序头状，花被5裂，白色或淡红色，花被片大小近相等；雄蕊5，花柱3，中部合生，柱头头状。瘦果卵形，具3棱，长1~1.5毫米，黑色，无光泽，被颗粒状小点，包于宿存花被内。花期6~7月，果期7~8月。

太子山保护区有分布，生于海拔2300~2700米的山坡林地一带。

硬毛蓼

Polygonum hookeri

蓼科蓼属

多年生草本。根状茎粗壮，木质。茎直立，高 10~30 厘米，不分枝，通常数条自根状茎发出，疏生长硬毛。叶长椭圆形或匙形，顶端圆钝，基部狭楔形，两面疏生长硬毛，下面中脉上毛较密，边缘全缘，密生缘毛，茎生叶较小。花序圆锥状，顶生，花被 5 深裂，深紫红色，边缘黄绿色。瘦果宽卵形，具 3 棱，顶端尖，黄褐色，有光泽，稍突出花被之外。

太子山保护区有分布，生于海拔 2300~2800 米河谷地带。

西伯利亚蓼

Polygonum sibiricum

蓼科蓼属

多年生草本，高 10~25 厘米。根状茎细长。茎外倾或近直立，自基部分枝，无毛。叶片长椭圆形或披针形，无毛，顶端急尖或钝，基部戟形或楔形，边缘全缘；托叶鞘筒状，膜质，上部偏斜，开裂，无毛，易破裂。花序圆锥状，顶生，花排列稀疏；苞片漏斗状，无毛，中上部具关节；花被 5 深裂，黄绿色。瘦果卵形，具 3 棱，黑色，有光泽，包于宿存的花被内或凸出。花果期 6~9 月。

太子山保护区有分布，生于海拔 2300~4000 米的灌丛中。

酸模

Rumex acetosa

蓼科酸模属

多年生草本。根为须根。茎直立，高 40~100 厘米，具深沟槽，通常不分枝。基生叶和茎下部叶箭形，长 3~12 厘米，宽 2~4 厘米，顶端急尖或圆钝，基部裂片急尖，全缘或微波状；茎上部叶较小，具短叶柄或无柄；托叶鞘膜质，易破裂。花序狭圆锥状，顶生，分枝稀疏；花单性，雌雄异株；全缘，基部心形，网脉明显。瘦果椭圆形。

太子山保护区有分布，生于海拔 2300~4000 米的山坡、林缘。

巴天酸模

Rumex patientia

蓼科酸模属

多年生草本。根肥厚，直径可达 3 厘米；茎直立，粗壮，上部分枝，具深沟槽。叶柄粗壮，茎上部叶披针形，较小，具短叶柄或近无柄；托叶鞘筒状，膜质，易破裂。花序圆锥状，大型；花两性；花梗细弱，外花被片长圆形，顶端圆钝，边缘近全缘，具网脉，全部或一部具小瘤；小瘤长卵形，通常不能全部发育。瘦果卵形，具 3 锐棱，褐色，有光泽。

太子山保护区有分布，生于海拔 2300~3500 米的水边湿地。

尼泊尔酸模

Rumex nepalensis

蓼科酸模属

多年生草本。根粗壮。茎直立，高50~100厘米，具沟槽，无毛，上部分枝。顶端急尖，基部心形，边缘全缘。花序圆锥状；花两性；花梗中下部具关节；内花被片果时增大，宽卵形，顶端成钩状，一部或全部具小瘤。瘦果卵形，具3锐棱，顶端急尖，长约3毫米，褐色，有光泽。

太子山保护区有分布，生于海拔2300~4000米的山坡路旁。

掌叶大黄

Rheum palmatum

蓼科大黄属

高大粗壮草本，高1.5~2米。茎直立中空，叶片长宽近相等，长达40~60厘米，通常成掌状半5裂，每一大裂片又分为近羽状的窄三角形小裂片；叶柄粗壮，与叶片近等长；茎生叶向上渐小。大型圆锥花序；花小，通常为紫红色，有时黄白色。果实矩圆状椭圆形到矩圆形，两端均下凹。

太子山保护区有分布，生于海拔2300~4000米的山坡。

杂配藜

Chenopodium hybridum

藜科藜属

一年生草本。茎直立，粗壮。叶片宽卵形至卵状三角形，两面均呈亮绿色，无粉或稍有粉，先端急尖或渐尖，基部圆形、截形或略呈心形，边缘掌状浅裂。花两性兼有雌性；狭卵形，先端钝，背面具纵脊并稍有粉，边缘膜质；雄蕊5。果皮膜质，有白色斑点，与种子贴生；种子横生，黑色，无光泽；胚环形。花果期7~9月。

太子山保护区有分布，生于海拔2300~3500米的山坡灌丛。

藜

Chenopodium album

藜科藜属

一年生草本。茎直立，粗壮，多分枝。叶片菱状卵形至宽披针形，先端急尖或微钝，基部楔形至宽楔形，上面通常无粉，有时嫩叶的上面有紫红色粉，边缘具不整齐锯齿；叶柄与叶片近等长。花两性；宽卵形至椭圆形，背面具纵隆脊，有粉；雄蕊5，柱头2。花果期5~10月。

太子山保护区有分布，生于海拔2300~3000米的路旁。

细叶孩儿参

Pseudostellaria sylvatica

石竹科孩儿参属

　　多年生草本；茎单生或簇生。叶无柄，条状披针形。花序聚伞状；花二型：普通花单生枝端或叉间；花梗细长；萼片披针形；花瓣白色，倒卵形，比萼片稍长，顶端2浅裂。闭锁花生于下部，短于叶，多生于短侧枝顶端；萼片条形，有柔毛；无花瓣。蒴果比萼片稍长，3瓣裂。

　　太子山保护区有分布，生于海拔 2500~3500 米的林下。

孩儿参

Pseudostellaria heterophylla

石竹科孩儿参属

　　多年生草本。下部叶匙形或倒披针形；上部叶卵状披针形、长卵形或菱状卵形；茎顶端两对叶稍密集，较大，成十字形排列。花二型：普通花 1~3 朵顶生，白色；花梗有短柔毛；萼片披针形；花瓣矩圆形或倒卵形，顶端2齿裂。闭锁花生茎下部叶腋，小形；花梗细；萼片4，疏生柔毛；无花瓣。蒴果卵形。

　　太子山保护区有分布，生于海拔 2300~2700 米的山谷林下。

鹅肠菜

Myosoton aquaticum

石竹科鹅肠菜属

二年生或多年生草本；茎上升，多分枝，上部被腺毛。叶片卵形或宽卵形，顶端急尖，基部稍心形；上部叶常无柄或具短柄。顶生二歧聚伞花序；苞片叶状；萼片卵状披针形或长卵形，边缘狭膜质，外面被腺柔毛；花瓣白色，2深裂至基部，裂片线形或披针状线形；花柱5。蒴果卵圆形。

太子山保护区有分布，生于海拔2300~2700米的河流两旁。

喜泉卷耳

Cerastium fontanum

石竹科卷耳属

多年生或一、二年生草本。茎单生或丛生，近直立，被白色短柔毛和腺毛。聚伞花序顶生；苞片草质；花梗细，密被长腺毛；萼片5，长圆状披针形，外面密被长腺毛；花瓣5，白色，倒卵状长圆形，顶端2浅裂，基部渐狭，无毛；花柱5，短线形。蒴果圆柱形，顶端10齿裂；种子褐色。花期5~6月，果期6~7月。

太子山保护区有分布，生于海拔2300~2500米的林缘杂草间。

簇生卷耳

Cerastium fontanum
subsp. *triviale*

石竹科卷耳属

草本，高 15~30 厘米。全株被白色短柔毛和腺毛。基生叶近匙形或倒卵状披针形；茎生叶近无柄，卵形或披针形，长 1~3 厘米，宽 3~12 毫米。聚伞花序顶生；花梗细，花后弯垂；萼片长圆状披针形；花瓣倒卵状长圆形，顶端 2 浅裂。蒴果圆柱形，长 8~10 毫米。

太子山保护区有分布，生于海拔 2300~2500 米的林缘杂草间。

腺毛繁缕

Stellaria nemorum

石竹科繁缕属

一年生草本，全株被疏腺柔毛。叶片卵形，具柄；茎中部叶片长圆状卵形，顶端渐尖，基部心脏形，全缘，两面被疏柔毛；苞片草质；花梗细，被白色柔毛；萼片 5，披针形，顶端急尖，外面被疏短柔毛；花瓣白色；雄蕊 10；花柱 3。蒴果卵圆形；种子近圆形。花期 5~6 月，果期 6~7 月。

太子山保护区有分布，生于海拔 2300~2700 米的山坡草地。

繁缕

Stellaria media

石竹科繁缕属

直立或平卧的一年生草本；茎纤弱，由基部多分枝。叶卵形，顶端锐尖；有或无叶柄。花单生叶腋或成顶生疏散的聚伞花序；萼片披针形，有柔毛，边缘膜质；花瓣白色，比萼片短，2深裂近基部；花柱3~4。蒴果卵形或矩圆形，顶端6裂。

太子山保护区广有分布，生于海拔2600米左右的山地。

贺兰山繁缕

Stellaria alaschanica

石竹科繁缕属

多年生草本。茎密丛生，细弱，多分枝，四棱形，沿棱被倒向柔毛。叶片线形或披针状线形，顶端渐尖，基部渐狭，边缘具缘毛。聚伞花序顶生，通常1~3花；苞片卵状披针形，顶端渐尖，边缘膜质，无毛，中脉明显；花瓣5，白色；雄蕊10，略长于花瓣；花柱3。蒴果长圆状卵形，比宿存萼长近1倍；种子多数，宽卵形或近圆形，微扁，近平滑。花期7月，果期8月。

太子山保护区有分布，生于海拔2300~2800米的山地、林下。

瞿麦

Dianthus superbus

石竹科石竹属

多年生草本。茎丛生，直立，绿色，无毛，上部分枝。叶片线状披针形，顶端锐尖，基部合生成鞘状，绿色，有时带粉绿色。花 1 或 2 朵生枝端；苞片倒卵形，顶端长尖；花萼圆筒形，萼齿披针形；雄蕊和花柱微外露。蒴果圆筒形，与宿存萼等长或微长，顶端 4 裂。种子扁卵圆形，黑色，有光泽。花期 6~9 月，果期 8~10 月。

太子山保护区有分布，生于海拔 2300~3000 米的疏林下。

甘肃雪灵芝

Arenaria kansuensis

石竹科无心菜属

多年生草本，成较紧密的垫状，半圆球形。叶稍硬，针状条形，上面凹入。花单生于枝端；萼片披针形，中肋显著；花瓣倒卵形，白色。蒴果球形，比宿存萼片短。

太子山保护区少有分布，生于海拔 3500~4000 米的高山草甸。

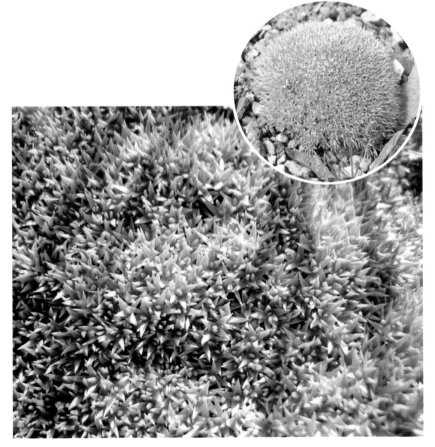

四齿无心菜

Arenaria quadridentata

石竹科无心菜属

多年生草本。根纺锤形。茎丛生，被2行腺毛。下部叶长圆状匙形，上部叶片卵状椭圆形或披针形，基部渐狭，顶端尖。聚伞花序，具少数花；萼片5，长圆形或披针形，顶端钝，外面被腺柔毛；花瓣5，白色，倒卵形或长椭圆形；雄蕊10，子房卵状球形，花柱2，线形。蒴果球形，顶端4裂。花果期7~9月。

太子山保护区广有分布，生于海拔3000~3500米的路边。

蔓茎蝇子草

Silene repens

石竹科蝇子草属

多年生草本，全株被短柔毛。根状茎细长，分叉。叶片线状披针形、倒披针形或长圆状披针形，基部楔形，顶端渐尖，两面被柔毛。总状圆锥花序；苞片披针形，草质；花萼筒状棒形，常带紫色，被柔毛；雌雄蕊柄被短柔毛；花瓣白色，稀黄白色，爪倒披针形，不露出花萼，瓣片平展，花柱微外露。蒴果卵形，比宿存萼短；种子肾形，黑褐色。花期6~8月，果期7~9月。

太子山保护区有分布，生于海拔2300~3500米的林下、草坡。

喜马拉雅蝇子草

Silene himalayensis

石竹科蝇子草属

多年生草本。根粗壮。茎纤细，疏丛生或单生，直立，不分枝，被短柔毛，上部被稀疏腺毛。叶片披针形或线状披针形。总状花序；苞片线状披针形，草质，被毛；花萼卵状钟形，萼齿三角形，顶端钝，边缘膜质，具缘毛；花瓣暗红色，花丝无毛；花柱内藏。蒴果卵形；种子圆形，褐色。花期 6~7 月，果期 7~8 月。

太子山保护区有分布，生于海拔 2300~4000 米的灌丛、高山草甸。

女娄菜

Silene aprica

石竹科蝇子草属

一或二年生草本，全株密被灰色短柔毛。基生叶倒披针形或狭匙形，基部渐狭成长柄状；茎生叶倒披针形、披针形或线状披针形，稍小。圆锥花序较大型；花萼卵状钟形，纵脉绿色，萼齿三角状披针形；花瓣白色或淡红色，倒披针形，微露出花萼或与花萼近等长，先端 2 裂。蒴果卵形；萼片宿存。

太子山保护区有分布，生于海拔 2300~2600 米的山地。

狗筋蔓

Cucubalus baccifer

石竹科狗筋蔓属

多年生草本；茎铺散而渐向上，有疏生短毛，节处明显膨大。叶有短柄，卵形至卵状披针形。聚伞花序顶生呈圆锥状，少数花腋生小枝上，每枝常有 1~3 花；花微下垂；花萼宽钟状，5 裂；花瓣白色，浅 2 裂。果实球形，浆果状，黑色，有光泽。

太子山保护区有分布，生于海拔 2300~2500 米的林缘、灌丛或草地。

紫斑牡丹

Paeonia suffruticosa

var. *papaveracea*

毛茛科芍药属

落叶灌木。叶通常为二回三出复叶；顶生小叶宽卵形，3 裂至中部；侧生小叶狭卵形或长圆状卵形，不等 2 裂至 3 浅裂或不裂。花单生枝顶，直径 10~17 厘米；花瓣 5，或为重瓣，花瓣白色，内面基部具深紫色斑块。长圆形，密生黄褐色硬毛。花期 5 月，果期 6 月。

太子山保护区有零星分布，生于海拔 2200~2400 米的沟谷地带。

川赤芍

Paeonia veitchii

毛茛科芍药属

多年生草本。根圆柱形，直径 1.5~2 厘米。茎高 30~80 厘米，无毛。叶为二回三出复叶，叶片轮廓宽卵形，小叶成羽状分裂，裂片窄披针形至披针形，顶端渐尖，全缘，表面深绿色，沿叶脉疏生短柔毛，背面淡绿色，无毛；叶柄长 3~9 厘米。花 2~4 朵，苞片 2~3，分裂或不裂，披针形，大小不等；花瓣倒卵形，紫红色或粉红色。花期 5~6 月，果期 7 月。

太子山保护区均有分布，生于海拔 2300~2900 米山坡林。

空茎驴蹄草

Caltha palustris

var. *barthei*

毛茛科驴蹄草属

多年生草本，全部无毛。茎中空，常较高大、粗壮，高达 120 厘米；叶片圆形，圆肾形或心形。花序下之叶与基生叶近等大，形状也相似。花序分枝较多，常有多数花。萼片黄色。种子狭卵球形，长 1.5~2 毫米，黑色，有光泽，有少数纵皱纹。5~9 月开花，6 月开始结果。

太子山保护区有分布，生于海拔 2300~2500 米的山谷溪边。

花葶驴蹄草

Caltha scaposa

毛茛科驴蹄草属

多年生低矮草本，全体无毛，具多数肉质须根。茎单一或数条，有时多达 10 条，直立或有时渐升；叶片心状卵形或三角状卵形，有时肾形，边缘全缘或带波形。茎生叶如存在时极小，具短柄或有时无柄，叶片长在 1.2 厘米以下。花单独生于茎顶部，或 2 朵形成简单的单歧聚伞花序。蓇葖长 1~1.6 厘米，宽 2.5~3 毫米；种子黑色，肾状椭圆球形，稍扁，光滑。

太子山保护区有分布，生于海拔 2800~4000 米的高山湿草甸或山谷沟边湿草地。

矮金莲花

Trollius farreri

毛茛科金莲花属

多年生草本。茎高 5~17 厘米。叶 3~4，全部基生或近基生；叶片轮廓五角形，3 全裂，中央裂片菱状倒卵形或楔形，3 浅裂，浅裂片通常具 1~2 小牙齿，侧生裂片不等地 2 深裂。花单生茎端；萼片 5，黄色，外面带暗紫色，宽倒卵形，宿存；花瓣比雄蕊短，匙状条形；心皮 6~25。

太子山保护区有分布，生于海拔 3000~3600 米的山地或石崖上。

毛茛状金莲花

Trollius ranunculoides

毛茛科金莲花属

植株全部无毛。茎 1~3 条，高 6~18 厘米，不分枝。叶片圆五角形或五角形，基部深心形。三全裂，全裂片近邻接或上部多少互相覆压，中央全裂片宽菱形或菱状宽倒卵形。花单独顶生，萼片黄色，干时多少变绿色。聚合果直径约 1 厘米；蓇葖长约 1 厘米。5~7 月开花，8 月结果。

太子山保护区有分布，生于海拔 2900~3800 米的山地草坡、水边草地或林中。

类叶升麻

Actaea asiatica

毛茛科类叶升麻属

多年生草本；茎高 30~80 厘米，不分枝。叶 2~3 枚，三回三出近羽状复叶，具长柄；叶片三角形；顶生小叶卵形至宽卵状菱形，3 裂，边缘有锐锯齿，侧生小叶卵形至斜卵形。总状花序。果序长 5~17 厘米；果实紫黑色。

太子山保护区有分布，生于海拔 2200~3000 米的山坡。

高乌头

Aconitum sinomontanum

毛茛科乌头属

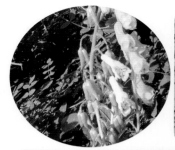

多年生草本。生 4~6 叶；叶片肾形，3 深裂，中央裂片菱形，中部以上具不等大的三角形小裂片和锐牙齿，侧生裂片较大，不等 3 裂；叶柄长 30~50 厘米。总状花序密被反曲的微柔毛；萼片 5，蓝紫色，上萼片圆筒形；心皮 3。

太子山保护区有分布，生于海拔 2300~2700 米的林缘山地。

甘青乌头

Aconitum tanguticum

毛茛科乌头属

多年生草本。叶圆形或圆肾形，3 深裂，中央裂片扇状倒卵形，浅裂并具圆牙齿。总状花序具 3~5 花，有反曲的微柔毛；萼片蓝紫色，上萼片船形，侧萼片直立，近圆形，下萼片狭长圆形；心皮 5。

太子山保护区有分布，生于海拔 2400~2800 米的山坡。

松潘乌头

Aconitum sungpanense

毛茛科乌头属

茎缠绕，分枝。叶片五角形，三全裂，中央全裂片卵状菱形或近菱形，在下部3裂；叶柄比叶片短。总状花序有5~9花；花梗长2~4厘米；萼片淡蓝紫色，有时带黄绿色，上萼片高盔形，高1.8~2.2厘米，侧萼片长1.3~1.5厘米；距长1~2毫米，向后弯曲。蓇葖长1~1.5厘米。8~9月开花。

太子山保护区有分布，生于海拔2300~2600米的山地、林边或灌丛中。

伏毛铁棒锤

Aconitum flavum

毛茛科乌头属

块根胡萝卜形，长约4.5厘米，粗约8毫米。茎高35~100厘米，密生多数叶，通常不分枝。茎下部叶在开花时枯萎，中部叶有短柄；叶片宽卵形。顶生总状花序狭长，有12~25朵花。种子倒卵状三棱形，长约2.5毫米，光滑，沿棱具狭翅。8月开花。

太子山保护区有分布，生于海拔2200~3500米的山地草坡或林下。

露蕊乌头

Aconitum gymnandrum

毛茛科乌头属

一年生草本，全体被开展柔毛；茎直立。叶宽卵形，3全裂，裂片二至三回深裂。总状花序有6~16花；花蓝紫色；上萼片船形；雄蕊露于萼片外，花药蓝黑色；心皮6~8。

太子山保护区有分布，生于海拔2300~3200米的山地或河边砂地。

白蓝翠雀花

Delphinium albocoeruleum

毛茛科翠雀属

多年生草本。叶等距排列；叶片五角形，3深裂，裂片又二回深裂，小裂片狭卵形至披针形，具1~2枚牙齿。伞房花序具3~7花；萼片蓝紫色或淡蓝色，宽卵形或椭圆形，距与萼片近等长，圆筒状钻形；退化雄蕊瓣片黑褐色，有黄色髯毛。

太子山保护区有分布，生于海拔3000~4100米的山地草甸中。

扁果草

Isopyrum anemonoides

毛茛科扁果草属

　　多年生草本;茎直立,细弱。基生叶多数,有长柄,为二回三出复叶;叶片轮廓三角形,中央具细柄,三全裂或三深裂;茎生叶较小。单歧聚伞花序,有2~3花,白色。蓇葖果扁平,具宿存花柱。

　　太子山保护区有分布,生于海拔2400~3200米的山地草坡或林下。

拟耧斗菜

Paraquilegia microphylla

毛茛科拟耧斗菜属

　　根状茎细圆柱形至近纺锤形,粗2~6毫米。叶多数,通常为二回三出复叶,无毛;叶片轮廓三角状卵形,花直径2.8~5厘米。蓇葖直立,连同2毫米长的短喙共长11~14毫米,宽约4毫米;种子狭卵球形,长1.3~1.8毫米,褐色,一侧生狭翅,光滑。

　　太子山保护区有分布,生于海拔2600~4000米的高山石壁或岩石上。

无距楼斗菜

Aquilegia ecalcarata

毛茛科楼斗菜属

　　根粗，圆柱形，外皮深暗褐色茎1~4条，高20~60厘米。基生叶数枚，有长柄，为二回三出复叶；茎生叶1~3，较小。花2~6朵，直立或有时下垂，萼片紫色，近平展，椭圆形，顶端急尖或钝；花瓣直立，瓣片长方状椭圆形，与萼片近等长，宽4~5毫米，顶端近截形，无距。蓇葖长8~11毫米，宿存花柱长3~5毫米，疏被长柔毛。5~6月开花，6~8月结果。

　　太子山保护区有分布，生于海拔2200~3200米的山地林下或路旁。

甘肃楼斗菜

Aquilegia oxysepala
var. *kansuensis*

毛茛科楼斗菜属

　　根粗壮，圆柱形，外皮黑褐色。茎生叶数枚，具短柄，向上渐变小。花3~5朵，较大而美丽，微下垂；萼片长1.6~2.5厘米，紫色，稍开展，狭卵形，顶端急尖；花瓣瓣片黄白色，顶端近截形，距长末端强烈内弯呈钩状。蓇葖长1.2~1.7厘米。5~6月开花，7~8月结果。

　　太子山保护区有分布，生于海拔2300~2700米的河谷地带。

长喙唐松草

Thalictrum macrorhynchum

毛茛科唐松草属

茎高达 65 厘米。基生叶及茎下部叶具较长柄；二至三回三出复叶；小叶草质，圆菱形或宽倒卵形，长 2~4 厘米，3 浅裂；叶柄长达 8 厘米。花序伞房状；花稀疏。花梗长 1.2~3.2 厘米；萼片白色，早落，椭圆形，长约 3.5 毫米；花丝上部窄倒披针形，下部细。瘦果长卵圆形，具短柄，宿存花柱长约 2.2 毫米，钩曲。花期 6 月。

太子山保护区有分布，生于海拔 2200~2900 米的林中或山谷灌丛中。

钩柱唐松草

Thalictrum uncatum

毛茛科唐松草属

茎高达 90 厘米。茎下部叶具长柄，四至五回三出复叶；小叶楔状倒卵形或宽菱形，3 浅裂；叶柄长约 7 厘米。圆锥花序窄长。花梗长 2~4 毫米；萼片 4，脱落，淡紫色，椭圆形，长 3 毫米；雄蕊约 10，花丝上部窄条形，下部丝状；心皮 6~12，花柱向腹面弯曲。瘦果扁平，半月形，长 4~5 毫米，顶端钩状。花期 5~7 月。

太子山保护区有分布，生于海拔 2600~3200 米的山地草坡或灌丛边。

贝加尔唐松草

Thalictrum baicalense

毛茛科唐松草属

多年生草本。茎中部叶有短柄，为三回三出复叶；顶生小叶宽菱形，基部宽楔形或近圆形，三浅裂，裂片有圆齿，脉网稍明显。花序圆锥状；萼片 4，绿白色。早落瘦果卵球形或宽椭圆球形，稍扁。

太子山保护区有分布，生于海拔 2200~3000 米的山地沟边或林中。

长柄唐松草

Thalictrum przewalskii

毛茛科唐松草属

茎高 50~120 厘米，通常分枝。茎下部叶长达 25 厘米，为四回三出复叶；叶片长达 28 厘米。圆锥花序多分枝；萼片白色或稍带黄绿色，狭卵形，长 2.5~5 毫米。瘦果扁，斜倒卵形，连柄长 0.6~1.2 厘米。6~8 月开花。

太子山保护区有分布，生于海拔 2300~3500 米的灌丛边、林下或草坡上。

小银莲花

Anemone exigua

毛茛科银莲花属

多年生草本。基生叶 2~5，有长柄；叶心状五角形，3 全裂，中裂片宽菱形，顶端钝，3 浅裂，中部以上边缘有少数钝牙齿，侧裂片稍小，不等 2 浅裂。花葶 1（2），花白色。

太子山保护区有分布，生于海拔 2300~3500 米的山地云杉林或灌丛中。

小花草玉梅

Anemone rivularis

var. *flore-minore*

毛茛科银莲花属

多年生草本，植株常粗壮。基生叶 3~5，有长柄；叶片肾状五角形，3 全裂，中央裂片宽菱形，具少数小裂片和牙齿；两侧裂片稍宽，斜倒卵形，不等 2 深裂。花单一或聚伞花序，腋生；苞片 3 片，3 深裂几达基部，深裂片通常不分裂，披针形至披针状线形；花较小；萼片 5（6），狭椭圆形或倒卵状狭椭圆形。聚合果近球形。

太子山保护区有分布，生于海拔 2700~4100 米的山地草坡、溪边。

大火草

Anemone tomentosa

毛茛科银莲花属

植株高达 1.5 米。根茎径 0.5~1.8 厘米。基生叶 3~4，具长柄，三出复叶，有时 1~2 叶；小叶卵形或三角状卵形，花葶与叶柄均被绒毛；聚伞花序长达 38 厘米，二至三回分枝；苞片 3，似基生叶，具柄，3 深裂，有时为单叶。萼片 5，淡粉红或白色，长 1.5~2.2 厘米；雄蕊多数；密被绒毛。瘦果长 3 毫米，具细柄，被绵毛。花期 7~10 月。

太子山保护区有分布，生于海拔 2300~2500 米的山地草坡。

疏齿银莲花

Anemone obtusiloba

subsp. *ovalifolia*

毛茛科银莲花属

多年生草本植物，有根状茎。植株通常较低矮，高 3.5~15 厘米，间或高达 25 或 30 厘米。叶片肾状五角形或宽卵形，基部心形，中全裂片菱状倒卵形，花葶有开展的柔毛；苞片柄，宽菱形或楔形，萼片白色，蓝色或黄色，倒卵形或狭倒卵形，花药椭圆形；子房密被柔毛。5~7 月开花。

太子山保护区有分布，生于海拔 2900~3800 米高山草地。

密毛银莲花

Anemone demissa
var. *villosissima*

毛茛科银莲花属

多年生草本。基生叶 5~13，有长柄；叶片肾状五角形，3 全裂，中央全裂片 3 深裂，侧全裂片较小，不等 3 深裂，叶背面有密柔毛；叶柄和花葶都有极密的、开展的长柔毛。花葶 1~2（3）；伞辐 1~5；萼片 5~6，白色。

太子山保护区有分布，生于海拔 3000~4000 米的山地草坡、灌丛中、沟边或林中。

芹叶铁线莲

Clematis aethusifolia

毛茛科铁线莲属

多年生草质藤本。茎纤细，有纵沟纹。二至三回羽状复叶或羽状细裂，连叶柄长达 7~10 厘米，末回裂片线形，宽 2~3 毫米；小叶柄短或长 0.5~1 厘米，边缘有时具翅；小叶间隔 1.5~3.5 厘米；叶柄长 1.5~2 厘米。聚伞花序腋生，常 1~3 花；苞片羽状细裂；花钟状下垂，直径 1~1.5 厘米；萼片 4，淡黄色，长方椭圆形或狭卵形，长 1.5~2 厘米，宽 5~8 毫米。瘦果长 3~4 毫米，宿存花柱长 2~2.5 厘米。

太子山保护区有分布，生于海拔 2300~3000 米的山坡及水沟边。

西伯利亚铁线莲

Clematis sibirica

毛茛科铁线莲属

亚灌木。二回三出复叶，小叶9枚，卵状椭圆形或窄卵形，长3~6厘米，宽1.2~2.5厘米，顶端渐尖，基部楔形或近于圆形，中部有整齐的锯齿；小叶柄短；叶柄长3~5厘米。单花；花梗长6~10厘米，无苞片；花钟状下垂，直径3厘米；萼片4枚，淡黄色，长3~6厘米，宽1~1.5厘米，质薄。瘦果倒卵形，长5毫米，粗2~3毫米，宿存花柱长3~3.5厘米，有黄色柔毛。

太子山保护区有分布，生于海拔2300米左右的林边、路边及云杉林下。

长瓣铁线莲

Clematis macropetala

毛茛科铁线莲属

木质藤本，长约2米；幼枝微被柔毛，老枝光滑无毛。二回三出复叶，纸质，卵状披针形或菱状椭圆形，顶端渐尖，边缘有整齐的锯齿或分裂；小叶柄短。花单生于当年生枝顶端；花萼钟状，蓝色或淡紫色，狭卵形或卵状披针形；花药黄色，长椭圆形，内向着生，药隔被毛；瘦果倒卵形。花期7月，果期8月。

太子山保护区有分布，生于海拔2200~2600米荒山坡、草坡岩石缝中及林下。

甘青铁线莲

Clematis tangutica

毛茛科铁线莲属

落叶藤本。主根粗壮，木质。茎有明显的棱，幼时被长柔毛，后脱落。一回羽状复叶，有 5~7 小叶；小叶片基部常浅裂、深裂或全裂，侧生裂片小，中裂片较大，卵状长圆形、狭长圆形或披针形，边缘有不整齐缺刻状的锯齿。花单生，有时为单聚伞花序，有 3 花，腋生；黄色外面带紫色，斜上展，狭卵形、椭圆状长圆形；花丝下面稍扁平，被开展的柔毛。瘦果倒卵形。花期 6~9 月，果期 9~10 月。

太子山保护区均有分布，生于海拔 2300~2700 米的林边灌丛。

甘川铁线莲

Clematis akebioides

毛茛科铁线莲属

藤本。茎无毛，有明显的棱。一回羽状复叶；有 5~7 小叶；小叶片基部常 2~3 浅裂或深裂，宽椭圆形、椭圆形或长椭圆形，边缘有不整齐浅锯齿，裂片常 2~3 浅裂或不裂，叶两面光滑无毛。花单生或 2~5 朵簇生；宽椭圆形或椭圆形、狭椭圆形，萼片 4~5，黄色，斜上展，椭圆形、长椭圆形或宽披针形，外面边缘有短绒毛，内面无毛；花丝下面扁平。未成熟的瘦果倒卵形、椭圆形。花期 7~9 月，果期 9~10 月。

太子山保护区各沟系均有分布，生于海拔 2200~3000 米的林下。

小叶铁线莲

Clematis nannophylla

毛茛科铁线莲属

直立小灌木。枝有棱，带红褐色。单叶对生或数叶簇生，几无柄或具短柄；叶片轮廓近卵形，长 0.5~1 厘米，宽 3~8 毫米，羽状全裂，有裂片 2~4 对，或裂片又 2~3 裂，裂片或小裂片有不等 2~3 缺刻状小牙齿或全缘。花单生或聚伞花序有 3 花；萼片 4，斜上展呈钟状，黄色，长椭圆形至倒卵形，长 0.8~1.5 厘米，宽 5~7 毫米。瘦果扁椭圆形，长约 5 毫米，宿存花柱长约 2 厘米，有黄色绢状毛。

太子山保护区有分布，生于海拔 2300~3200 米的山坡。

短尾铁线莲

Clematis brevicaudata

毛茛科铁线莲属

藤本。枝有棱，小枝疏生短柔毛或近无毛。一至二回羽状复叶或二回三出复叶；小叶片长卵形、卵形至宽卵状披针形或披针形，边缘疏生粗锯齿或牙齿。圆锥状聚伞花序腋生或顶生，常比叶短；花梗长 1~1.5 厘米，有短柔毛；萼片 4，开展，白色，狭倒卵形，两面均有短柔毛，内面较疏或近无毛。瘦果卵形，密生柔毛。花期 7~9 月，果期 9~10 月。

太子山保护区有分布，生山地灌丛或疏林中，海拔 2500~2700 米。

粗齿铁线莲

Clematis grandidentata

毛茛科铁线莲属

　　木质藤本，枝密被柔毛。羽状复叶具 5 小叶；小叶纸质，卵形、宽卵形或椭圆形，先端渐尖或长渐尖，基部圆形或浅心形，疏生粗牙齿，上面疏被柔毛，下面密被柔毛或绒毛；花序腋生并顶生，腋生花序 3~6 花，白色，开展，倒卵状长圆形，密被短柔毛；花药窄长圆形，顶端钝。瘦果宽卵圆形。花期 5~8 月。

　　太子山保护区有分布，生于海拔 2600~2900 米的山坡。

薄叶铁线莲

Clematis gracilifolia

毛茛科铁线莲属

　　藤本。茎、枝圆柱形，外皮紫褐色，老时剥落。三出复叶至一回羽状复叶，小叶片 3 或 2 裂至 3 全裂，小叶片或裂片纸质或薄纸质，卵状披针形、卵形至宽卵形或倒卵形，边缘有缺刻状锯齿或牙齿。花 1~5 朵与叶簇生；白色或外面带淡红色，长圆形至宽倒卵形。瘦果无毛，卵圆形，扁。花期 4~6 月，果期 6~10 月。

　　太子山保护区有分布，生于山坡林中阴湿处或沟边，海拔 2700~2900 米。

星叶草

Circaraster agrestis

毛茛科星叶草属

　　一年生小草本。宿存的 2 子叶和叶簇生于植株顶部；子叶条形或披针状条形；叶菱状倒卵形、匙形或楔形，具牙齿，牙齿顶端有刺状短尖，脉二叉状分枝。花小，在叶腋簇生，无花瓣。果圆柱状，外有钩状毛。

　　太子山保护区各沟系均有零星分布，生于海拔 2600~3200 米的山谷、沟边、林中或湿草地。

短柱侧金盏花

Adonis davidii

毛茛科侧金盏花属

　　多年生草本；茎下部分枝。茎下部叶有长柄，上部有短柄或无柄；叶片五角形或三角状卵形，三全裂，全裂片二回羽状全裂或深裂，末回裂片狭卵形，有锐齿；叶柄长，鞘顶部有叶状裂片。花白色，有时带紫色，倒卵状长圆形。瘦果倒卵形，有短宿存花柱。

　　太子山保护区有分布，生于海拔 2300~2600 米的林下灌丛。

蓝侧金盏花

Adonis coerulea

毛茛科侧金盏花属

　　多年生草本;根状茎粗壮,常在近地面处分枝。茎下部叶有长柄,上部的有短柄或无柄;叶片长圆形,二至三回羽状细裂,羽片4~6对,稍互生。花瓣约8,淡紫色或淡蓝色。瘦果倒卵形。

　　太子山保护区有分布,生于海拔2700~3100米的山坡、草地。

高原毛茛

Ranunculus tanguticus

毛茛科毛茛属

　　多年生草本。须根基部稍增厚呈纺锤形。茎直立或斜升,基生叶多数,和下部叶均有生柔毛的长叶柄;叶片圆肾形或倒卵形,三出复叶。花较多,单生于茎顶和分枝顶端;萼片椭圆形,花瓣5,倒卵圆形。瘦果小而多,卵球形,较扁,无毛,喙直伸或稍弯。花果期6~8月。

　　太子山保护区均有分布,生于海拔2500~3100米的山坡、草地。

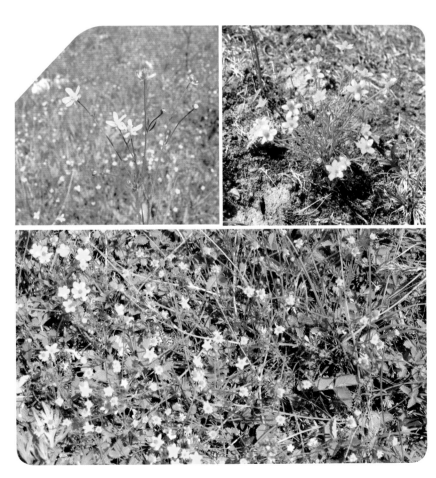

云生毛茛

Ranunculus nephelogenes

毛茛科毛茛属

多年生草本。基生叶披针形或条状披针形，有时狭卵形，通常全缘或有疏钝齿，具柄；茎生叶无柄，披针形至条形。花稀疏；萼片外面基部有锈色柔毛；花瓣倒卵形。聚合果卵球形，宿存花柱钻形。

太子山保护区有分布，生于海拔 2500~3000 米林下。

水葫芦苗

Halerpestes cymbalaria

毛茛科碱毛茛属

多年生草本；匍匐茎细长。叶多数；叶片纸质，多近圆形，或肾形、宽卵形，基部圆心形、截形或宽楔形，边缘有 3~11 个圆齿，有时 3~5 裂。花葶 1~4 条；花小；萼片反折。聚合果椭圆球形。

太子山保护区有分布，生于海拔 2200~2700 米的林边湿地。

鲜黄小檗

Berberis diaphana

小檗科小檗属

落叶灌木。幼枝绿色，老枝灰色，具条棱和疣点；茎刺三分叉，粗壮，淡黄色。叶坚纸质，长圆形或倒卵状长圆形，先端微钝，基部楔形，边缘具刺齿，偶有全缘；具短柄。花 2~5 朵簇生，偶单生，黄色；花瓣卵状椭圆形，先端急尖，锐裂，基部缢缩呈爪，具 2 枚分离腺体。浆果红色，卵状长圆形，先端略斜弯，有时略被白粉，具明显缩存花柱。花期 5~6 月，果期 7~9 月。

太子山保护区有分布，生于海拔 2300~2500 米的灌丛、山地。

短柄小檗

Berberis brachypoda

小檗科小檗属

落叶灌木，高 1~3 米。老枝黄灰色，无毛或疏被柔毛，幼枝具条棱，淡褐色，无毛或被柔毛，具稀疏黑疣点；茎刺三分叉，稀单生。叶厚纸质，椭圆形，倒卵形，或长圆状椭圆形，叶缘平展；叶柄长 3~10 毫米，被柔毛。穗状总状花序直立或斜上；花淡黄色；小苞片披针形，常红色，中萼片长圆状倒卵形，内萼片倒卵状椭圆形；花瓣椭圆形。浆果长圆形，鲜红色，顶端具明显宿存花柱，不被白粉。花期 5~6 月，果期 7~9 月。

太子山保护区少有分布，生于海拔 2300~2500 米的林边、灌丛。

匙叶小檗

Berberis vernae

小檗科小檗属

    落叶灌木。老枝暗灰色，细弱，具条棱，无毛，散生黑色疣点，幼枝常带紫红色；茎刺粗壮，单生，淡黄色。叶纸质，倒披针形或匙状倒披针形，先端圆钝，基部渐狭，叶缘平展，全缘，偶具 1~3 刺齿；叶柄长 2~6 毫米，无毛。穗状总状花序；花黄色；小苞片披针形，花瓣倒卵状椭圆形，先端近急尖，全缘，基部缩略呈爪。浆果长圆形，淡红色，顶端不具宿存花柱，不被白粉。花期 5~6 月，果期 8~9 月。

    太子山保护区有分布，生于海拔 2200~3800 米的河滩地或山坡灌丛中。

甘肃小檗

Berberis kansuensis

小檗科小檗属

    落叶灌木，高达 3 米。老枝淡褐色，幼枝带红色，具条棱；茎刺弱，单生或三分叉，与枝同色，腹面具槽。叶厚纸质，叶片近圆形或阔椭圆形，叶缘平展，每边具 15~30 刺齿；叶柄长 1~2 厘米。总状花序具 10~30 朵花，常轮列；花黄色；花瓣长圆状椭圆形，先端缺裂，裂片急尖，基部缢缩呈短爪；胚珠 2 枚，具柄。浆果长圆状倒卵形，红色，顶端不具宿存花柱，不被白粉。花期 5~6 月，果期 7~8 月。

    太子山保护区广有分布，生于海拔 2300~2900 米的灌丛、山地、阴坡。

直穗小檗

Berberis dasystachya

小檗科小檗属

落叶灌木。老枝圆柱形，黄褐色，具稀疏小疣点，幼枝紫红色；茎刺单一，有时缺如或偶有三分叉。叶纸质，叶片长圆状椭圆形、宽椭圆形或近圆形，先端钝圆，基部骤缩，稍下延，呈楔形、圆形或心形，叶缘平展。总状花序直立，具15~30朵花；花黄色；小苞片披针形；花瓣倒卵形，先端全缘，基部缢缩呈爪。浆果椭圆形，红色，顶端无宿存花柱，不被白粉。花期4~6月，果期6~9月。

太子山保护区有分布，生于海拔2300~2900米的山坡、沟边。

置疑小檗

Berberis dubia

小檗科小檗属

落叶灌木。老枝灰黑色，稍具棱槽和黑色疣点，幼枝紫红色，有光泽，明显具棱槽；茎刺单生或三分叉。叶纸质，狭倒卵形，叶缘平展，每边具细刺齿。总状花序由5~10朵花组成；花黄色；小苞片披针形；花瓣椭圆形。浆果倒卵状椭圆形，红色。花期5~6月，果期8~9月。

太子山保护区有分布，生于海拔2300~2900米的灌丛、山地阴坡。

堆花小檗

Berberis aggregata

小檗科小檗属

半常绿或落叶灌木，高 2~3 米。老枝暗棕色，具棱槽，幼枝淡褐色；茎刺三分叉。叶近革质，倒卵状长圆形至倒卵形，长 8~25 毫米，宽 4~15 毫米，先端圆钝，具 1 刺尖头，基部楔形，叶缘平展，每边具 2~8 刺齿，有时全缘；叶柄短或近无柄。短圆锥花序具 10~30 朵花，紧密，长 1~2.5 厘米；花淡黄色。浆果近球形或卵球形，长 6~7 毫米，红色，顶端具明显宿存花柱。花期 5~6 月，果期 7~9 月。

太子山保护区有分布，生于海拔 2400~2600 米的灌丛中。

南方山荷叶

Diphylleia sinensis

小檗科山荷叶属

多年生草本，高 40~80 厘米。叶片盾状着生，肾形或肾状圆形至横向长圆形，边缘具不规则锯齿，齿端具尖头，上面疏被柔毛或近无毛，背面被柔毛。聚伞花序顶生，子房椭圆形，花柱极短，柱头盘状。浆果球形或阔椭圆形，长 10~15 毫米，直径 6~10 毫米，熟后蓝黑色，微被白粉，果梗淡红色。

太子山保护区少有分布，生于海拔 2400~2700 米的沟谷。

桃儿七

Sinopodophyllum
hexandrum

小檗科桃儿七属

多年生草本，植株高 20~50 厘米。根状茎粗短，节状，多须根；茎直立，单生，具纵棱，无毛。叶 2 枚，薄纸质，非盾状，基部心形。花大，单生，先叶开放，两性，整齐，粉红色，子房椭圆形，柱头头状。浆果卵圆形，熟时橘红色；种子卵状三角形，红褐色，无肉质假种皮。

太子山保护区有分布，生于海拔 2200~2600 米的山地、阴坡。

淫羊藿

Epimedium brevicornu

小檗科淫羊藿属

多年生草本，植株高 20~60 厘米。根状茎粗短，木质化，暗棕褐色。二回三出复叶基生和茎生，具 9 枚小叶；小叶纸质或厚纸质，卵形或阔卵形，叶缘具刺齿；花茎具 2 枚对生叶，圆锥花序长 10~35 厘米，具 20~50 朵花；花梗长 5~20 毫米；花白色或淡黄色；花瓣远较内萼片短，距呈圆锥状，长仅 2~3 毫米，瓣片很小；雄蕊长 3~4 毫米，伸出，花药长约 2 毫米，瓣裂。蒴果长约 1 厘米，宿存花柱喙状，长 2~3 毫米。花期 5~6 月，果期 6~8 月。

太子山保护区有分布，生于海拔 2400~2700 米的林下、灌丛或山坡、阴湿地。

木姜子

Litsea pungens

樟科木姜子属

　　落叶小乔木;树皮灰白色。幼枝黄绿色,被柔毛,老枝黑褐色,无毛。顶芽圆锥形,鳞片无毛。叶互生,披针形或倒卵状披针形,先端短尖,基部楔形,膜质;叶柄纤细。伞形花序腋生;先叶开放;黄色,倒卵形,外面有稀疏柔毛。果球形,成熟时蓝黑色;先端略增粗。花期3~5月,果期7~9月。

　　太子山保护区前东湾、槐树关有零星分布,生于海拔2400~2600米的山坡地带。

全缘叶绿绒蒿

Meconopsis integrifolia

罂粟科绿绒蒿属

　　一年生至多年生草本,全体被锈色和金黄色平展或反曲、具多短分枝的长柔毛。基生叶莲座状,其间常混生鳞片状叶,叶片倒披针形、倒卵形或近匙形,花芽宽卵形;萼片舟状,花瓣6~8,近圆形至倒卵形,黄色或稀白色。花丝线形,金黄色或成熟时为褐色,花药卵形至长圆形,橘红色,后为黄色至黑色;子房宽椭圆状长圆形、卵形或椭圆形。花果期5~11月。

　　太子山保护区新营保护站有分布,生于海拔2700~4300米的草坡。

总状绿绒蒿

Meconopsis racemosa

罂粟科绿绒蒿属

一年生草本，全体被黄褐色或淡黄色坚硬而平展的硬刺。主根圆柱形，向下渐狭。茎圆柱形，不分枝，边缘全缘或波状，稀具不规则的粗锯齿，两面绿色，被黄褐色或淡黄色平展或紧贴的刺毛。花瓣天蓝色或蓝紫色，有时红色，无毛；花丝丝状，花药长圆形，黄色；子房卵形，密被刺毛，花柱圆锥形，柱头长圆形。蒴果卵形或长卵形，密被刺毛。

太子山保护区新营保护站有分布，生于海拔 3000~4300 米的草坡。

红花绿绒蒿

Meconopsis punicea

罂粟科绿绒蒿属

多年生草本。须根纤维状，叶基宿存。叶基、叶、花葶、萼片、子房及蒴果均密被淡黄或深褐色分枝刚毛。叶全基生，莲座状，倒披针形或窄倒卵形，全缘，具数纵脉。花葶 1~6，常具肋，花单生花葶，下垂。萼片卵形，深红色；花丝线形，花柱极短，柱头 4~6 圆裂。

太子山保护区有分布，生于海拔 2800~4300 米的山坡草地。

五脉绿绒蒿

Meconopsis quintuplinervia

罂粟科绿绒蒿属

多年生草本;全株密被淡黄色或棕褐色硬毛。叶均基生,呈莲座状;叶片倒卵形至披针形,全缘,明显具3~5条纵脉。花葶1~3;花下垂,单生于花葶上;花瓣4~6,淡蓝色或紫色,倒卵形或近圆形。蒴果椭圆形或长圆状椭圆形。

太子山保护区有分布,生于海拔2300~4300米的高山草地。

川西绿绒蒿

Meconopsis henrici

罂粟科绿绒蒿属

一年生草本。主根短而肥厚,圆锥形。叶全部基生,叶片倒披针形或长圆状倒披针形,先端钝或圆,基部渐狭而入叶柄,边缘全缘或波状,稀具疏锯齿,两面被黄褐色、卷曲的硬毛;叶柄线形,花瓣卵形或倒卵形,先端圆或钝,深蓝紫色或紫色;花丝与花瓣同色,花药长约1毫米,橘红色或浅黄色;子房卵珠形或近球形。

太子山保护区新营保护站有分布,生于海拔3200~4300米的高山草地。

多刺绿绒蒿

Meconopsis horridula

罂粟科绿绒蒿属

一年生草本，全体被黄褐色坚硬的刺。叶全部基生，披针形，长 5~12 厘米，宽约 1 厘米，边缘全缘或呈波状。花葶 5~12 或更多，长 10~20 厘米，坚硬，密被黄褐色的刺。花单生于花葶上，半下垂，直径 2.5~4 厘米；花瓣紫蓝色。蒴果倒卵形，长 1.2~2.5 厘米，被锈色的刺。

太子山保护区有分布，生于海拔 3600~4300 米的草坡。

野罂粟

Papaver nudicaule

罂粟科罂粟属

多年生草本。主根圆柱形；根茎短，增粗，通常不分枝，密盖麦秆色、覆瓦状排列的残枯叶鞘。花单生于花葶先端；花蕾宽卵形至近球形，花单生于花葶先端；花蕾宽卵形至近球形，淡黄色、黄色或橙黄色，稀红色；雄蕊多数，花丝钻形，黄色或黄绿色，花药长圆形，黄白色、黄色或稀带红色。

太子山保护区有分布，生于海拔 2300~3500 米的林下。

白屈菜

Chelidonium majus

罂粟科白屈菜属

多年生草本。叶互生，羽状全裂，全裂片 2~3 对，不规则深裂，深裂片边缘具不整齐缺刻，下面疏生短柔毛，有白粉。花数朵，近伞状排列；花瓣 4，黄色，倒卵形。蒴果条状圆筒形。

太子山保护区有分布，生于海拔 2300 米左右的山坡、林缘草地。

细果角茴香

Hypecoum leptocarpum

罂粟科角茴香属

一年生草本，略被白粉，高 4~60 厘米。茎丛生，长短不一，铺散而先端向上，多分枝。基生叶多数，蓝绿色。花小，排列成二歧聚伞花序，花梗细长，每花具数枚刚毛状小苞片；萼片卵形或卵状披针形，绿色，边缘膜质，全缘，稀具小牙齿；花瓣淡紫色。

太子山保护区有分布，生于海拔 2700~4000 米的山坡、草地。

斑花黄堇
Corydalis conspersa
罂粟科紫堇属

丛生草本，高 5~30 厘米。根茎短，簇生棒状肉质须根。茎发自基生叶腋，基部稍弯曲，裸露，其上具叶，不分枝。基生叶多数，约长达花序基部；叶片长圆形。总状花序头状，多花、密集；花近俯垂；苞片菱形或匙形，宽度常大于长度，边缘紫色，全缘或顶端具啮蚀状齿；花梗粗短，萼片菱形，棕褐色，具流苏状齿；花淡黄色或黄色，具棕色斑点。

太子山保护区有分布，生于海拔 3800~4200 米的高山砾石地。

曲花紫堇
Corydalis curviflora
罂粟科紫堇属

无毛草本。须根多数成簇，狭纺锤状肉质增粗，淡黄色或褐色。茎 1~4 条，不分枝，上部具叶，下部裸露。总状花序顶生或稀腋生，花瓣淡蓝色、淡紫色或紫红色，花瓣片舟状宽卵形，下花瓣宽倒卵形，内花瓣提琴形；花药黄色；花丝狭椭圆形，淡绿色。

太子山保护区有分布，生于海拔 2400~3900 米的灌丛下或草丛中。

扇苞黄堇

Corydalis rheinbabeniana

罂粟科紫堇属

无毛草本。须根多数成簇，纺锤状肉质增粗，深褐色，具柄，末端骤然变狭成丝状。茎1~3条，不分枝或稀上部具1分枝，上部具叶，下部裸露，基部丝状。总状花序顶生，密集多花；苞片扇形，萼片鳞片状，白色，圆形，稍具齿；花瓣黄色，上花瓣呈"S"形，花瓣片卵形，边缘浅波状，花药极小，花丝披针形。

太子山保护区有分布，生于海拔3500~4100米的灌丛下或草坡。

条裂黄堇

Corydalis linarioides

罂粟科紫堇属

直立草本。须根多数成簇，纺锤状肉质增粗，黄色，味苦，具柄。通常不分枝，上部具叶，下部裸露，基部变线形。总状花序顶生，多花，花时密集，果时稀疏；萼片鳞片状，边缘撕裂状，白色，微透明；花瓣黄色，花药小，长圆形，花丝披针形。蒴果长圆形，成熟时自果梗基部反折。

太子山保护区有分布，生于海拔2300~4000米的林下、林缘、灌丛下、草坡或石缝中。

草黄堇

Corydalis straminea

罂粟科紫堇属

多年生丛生草本，高 30~60 厘米。主根粗大，老时多少扭曲，顶部具紫褐色鳞片和叶柄残基。茎发自鳞片或基生叶腋，具棱，中空，下部裸露，上部分枝、具叶。叶片卵圆形或卵状长圆形，上面绿色，下面苍白色。总状花序多花、密集，草黄色，平展。种子圆形，黑亮。

太子山保护区有分布，生于海拔 2600~3800 米的针叶林下或林缘。

小黄紫堇

Corydalis raddeana

罂粟科紫堇属

无毛草本。主根粗壮，向下渐狭，具侧根和纤维状细根。茎直立，基部粗达 1 厘米，具棱，通常自下部分枝。基生叶少数，具长柄，叶片轮廓三角形或宽卵形。总状花序顶生和腋生，排列稀疏；苞片狭卵形至披针形，全缘，萼片鳞片状，近肾形，边缘具缺刻状齿；花瓣黄色，花瓣片舟状卵形，先端渐尖。

太子山保护区有分布，生于海拔 2300~2500 米的杂木林下或水边。

假北紫堇

Corydalis pseudoimpatiens

罂粟科紫堇属

　　二年生草本，铺散，具少数纤细状分枝。茎直立，具分枝，基部盖以残枯的叶基。总状花序生于茎和分枝先端，多花，先密后疏；苞片下部者羽状深裂，向上裂片渐减；花梗较粗壮，稍短于苞片。萼片鳞片状，近三角形，边缘锐裂，迟落；花瓣黄色，花瓣片舟状倒卵形。

　　太子山保护区有分布，生于海拔 2500~4000 米的山坡路旁。

灰绿黄堇

Corydalis adunca

罂粟科紫堇属

　　多年生灰绿草本，有白粉。基生叶多数，与茎下部叶均具长柄；叶肉质，轮廓狭卵形，三回羽状全裂，末回小裂片狭倒卵形。总状花序多花；苞片狭披针形；花瓣淡黄色，距短圆筒形。蒴果长圆形。

　　太子山保护区有分布，生于海拔 2300~3900 米的山地、石缝中。

延胡索

Corydalis yanhusuo

罂粟科紫堇属

多年生草本，高 10~30 厘米。块茎圆球形，直径（0.5）1~2.5 厘米，质黄。茎直立，常分枝，基部以上具 1 鳞片，有时具 2 鳞片，通常具 3~4 枚茎生叶，鳞片和下部茎生叶常具腋生块茎。叶二回三出或近三回三出，小叶 3 裂或 3 深裂。总状花序疏生 5~15 花；苞片披针形或狭卵圆形，全缘。蒴果线形，长 2~2.8 厘米，具 1 列种子。

太子山保护区有分布，生于海拔 2300~3000 米的山地。

蛇果黄堇

Corydalis ophiocarpa

罂粟科紫堇属

丛生灰绿色草本，具主根。茎常多条，具叶，分枝，枝条花葶状，对叶生。叶片长圆形。总状花序长 10~30 厘米，多花，具短花序轴；苞片线状披针形，长约 5 毫米；花梗长 5~7 毫米；花淡黄色至苍白色，平展；外花瓣顶端着色较深，渐尖；内花瓣顶端暗紫红色至暗绿色，具伸出顶端的鸡冠状突起，爪短于瓣片；雄蕊束披针形，上部缢缩成丝状。

太子山保护区有分布，生于海拔 2300~4000 米的沟谷林缘。

独行菜

Lepidium apetalum

十字花科独行菜属

一或二年生草本。基生叶狭匙形，羽状浅裂或深裂；上部叶条形，有疏齿或全缘。总状花序顶生，果时伸长，疏松；花极小；花瓣丝状，退化。短角果近圆形或椭圆形，扁平，先端微缺。

太子山保护区有分布，生于海拔 2300~2300 米的山坡、路旁。

菥蓂

Thlaspi arvense

十字花科菥蓂属

一年生草本。茎单一或分枝，具棱。基生叶有柄；茎生叶互生，花白色；萼片、花瓣各 4；雄蕊 6；子房侧扁，卵圆形。短角果扁平，卵形或近圆形，顶端下凹，边缘有宽翅；每室有种子 4~12，卵形，黑褐色，表面有向心的环纹。花期 4~5 月，果期 5~6 月。

太子山保护区广泛分布，生于海拔 2300~2500 米的山地路旁。

荠

Capsella bursa-pastoris

十字花科荠属

一或二年生草本。茎直立，有分枝。基生叶丛生，大头羽状分裂，顶生裂片较大，侧生裂片较小，浅裂或有不规则粗锯齿，具长叶柄；茎生叶狭披针形，基部抱茎，边缘有缺刻或锯齿。总状花序顶生和腋生；花白色。短角果倒三角形或倒心形，扁平，先端微凹。

太子山保护区有分布，生于海拔 2300~2500 米的山坡、路旁。

葶苈

Draba nemorosa

十字花科葶苈属

一年生草本，全体具星状毛。基生叶成莲座状，倒卵状矩圆形，边缘具疏齿或几全缘；具短柄；茎生叶卵形至卵状披针形，边缘具不整齐齿状浅裂，两面密生灰白色柔毛和星状毛。总状花序顶生；花黄色，花期后成白色。短角果近水平展出，矩圆形或椭圆形。

太子山保护区有分布，生于海拔 2300~4200 米的山坡、草地。

毛葶苈

Draba eriopoda

十字花科葶苈属

二年生草本。茎不分枝，有星状毛、叉状毛和单毛。基生叶狭倒披针形，基部渐狭成柄，近全缘，有星状毛和叉状毛；茎生叶渐变小，狭卵形至披针形，边缘疏生小牙齿。总状花序顶生，花较密集；花瓣黄色。短角果向上斜展，狭卵形或披针形，长5~7毫米；果梗具星状毛。

太子山保护区有分布，生于海拔2300~4300米的山坡、阴湿山坡。

紫花碎米荠

Cardamine tangutorum

十字花科碎米荠属

多年生草本；茎单一，不分枝；茎生叶通常只有3枚，着生于茎的中、上部，有叶柄，小叶3~5对。总状花序；花瓣紫红色或淡紫色，倒卵状楔形；花丝扁而扩大，花药狭卵形；雌蕊柱状，无毛，花柱与子房近于等粗，柱头不显著。果梗直立；种子长椭圆形，褐色。花期5~7月，果期6~8月。

太子山保护区广泛分布，生于海拔2300~4300米的草地、林下。

弹裂碎米荠

Cardamine impatiens

十字花科碎米荠属

　　二或一年生草本。茎直立，不分枝或有时上部分枝，表面有沟棱，有少数短柔毛或无毛，着生多数羽状复叶。顶生小叶卵形，边缘有不整齐钝齿状浅裂，基部楔形。总状花序顶生和腋生，花多数，形小，花梗纤细；萼片长椭圆形；花瓣白色，狭长椭圆形；雌蕊柱状，无毛。长角果狭条形而扁；种子椭圆形。花期4~6月，果期5~7月。

　　太子山保护区有分布，生于海拔2300~3500米的路旁、山坡。

沼生蔊菜

Rorippa islandica

十字花科蔊菜属

　　一或二年生草本；茎直立，下部常带紫色，具棱。基生叶多数，具柄；叶片羽状深裂或大头羽裂，长圆形至狭长圆形，边缘不规则浅裂或呈深波状，顶端裂片较大，基部耳状抱茎；茎生叶向上渐小，近无柄。总状花序顶生或腋生，果期伸长，花小，多数，黄色或淡黄色。短角果椭圆形或近圆柱形，果瓣肿胀。

　　太子山保护区有分布，生于海拔2300~2500米的路旁、草地。

蚓果芥

Torularia humilis

十字花科念珠芥属

　　一或二年生草本，有小分枝毛和单毛。茎铺散和上升，多分枝。叶椭圆状倒卵形，下部叶成莲座状，具长柄，上部叶具短柄，先端圆钝，基部渐狭，全缘或具数个疏齿牙。总状花序顶生；花瓣白色或淡紫红色，倒卵形。长角果条形，直或弯曲。

　　太子山保护区有分布，生于海拔 2300~4200 米的林下、草地。

播娘蒿

Descurainia sophia

十字花科播娘蒿属

　　一年生草本。茎直立，分枝多，常于下部成淡紫色。叶为三回羽状深裂，末端裂片条形或长圆形，下部叶具柄，上部叶无柄。花序伞房状；萼片直立，早落，长圆条形，背面有分叉细柔毛；花瓣黄色，长圆状倒卵形，具爪；雄蕊6枚。种子每室1行，形小，多数，长圆形，稍扁，淡红褐色，表面有细网纹。花期4~5月。

　　太子山保护区有分布，生于海拔 2300~3000 米的山坡。

阔叶景天

Sedum roborowskii

景天科景天属

二年生草本。花茎近直立，高 3.5~15 厘米，由基部分枝。叶长圆形，长 5~13 毫米，宽 2~6 毫米，有钝距，先端钝。花序近蝎尾状聚伞花序，疏生多数花；花为不等的五基数；萼片长圆形或长圆状倒卵形，不等长，有钝距；花瓣淡黄色，卵状披针形，宽约 1 毫米；心皮长圆形，先端突狭为长 0.5~0.7 毫米的花柱。

太子山保护区有分布，生于海拔 2200~4300 米的山坡林下阴处或岩石上。

隐匿景天

Sedum celatum

景天科景天属

二年生草本，无毛。主根圆锥形。花茎直立，自基部分枝。叶披针形或狭卵形，有钝或近浅裂的距，先端渐尖。花序伞房状，有 3~9 花；花为不等的五基数；花瓣黄色，披针形。种子倒卵状长圆形，长 0.7~1 毫米，有狭翅及乳头状突起。花期 7 月，果期 8~9 月。

太子山保护区有分布，生于海拔 2900~4000 米的山坡上。

费菜

Sedum aizoon

景天科景天属

多年生草本。叶近革质，互生，窄披针形、椭圆状披针形或卵状披针形，先端渐尖，基部楔形，有不整齐锯齿。聚伞花序多花，分枝平展，有苞叶；花瓣5，黄色，长圆形或椭圆状披针形，有短尖。

太子山保护区有分布，生于海拔2300~3600米的山坡上。

狭穗八宝

Hylotelephium angustum

景天科八宝属

多年生草本。3~5叶轮生，叶长圆形，先端渐尖，基部渐狭，边缘有疏钝齿。花序顶生及腋生，紧密多花，分枝多，由聚伞状伞房花序组成外观为中断的穗状花序；花瓣5，淡红色。蓇葖直立，长圆形。

太子山保护区有分布，生于海拔2300~3500米的山坡或灌丛中、疏林地。

小丛红景天

Rhodiola dumulosa

景天科红景天属

多年生草本。一年生花茎聚生在主轴顶端。叶互生，条形至宽条形，长 7~10 毫米，宽 1~2 毫米，顶端急尖，基部无柄，全缘。花序顶生；花两性，雌雄异株；萼片 5，条状披针形；花瓣 5，红色或白色，披针状矩圆形，直立，顶端渐尖，有长的短尖头；心皮 5，卵状矩圆形。

太子山保护区有分布，生于海拔 2300~3900 米的山坡石上。

甘肃山梅花

Philadelphus kansuensis

虎耳草科山梅花属

灌木，当年生小枝暗紫色，叶卵形或卵状椭圆形，花枝上叶较小，先端渐尖，稀急尖，基部圆形或阔楔形，边近全缘或具疏齿，两面均无毛或上面被糙伏毛，下面仅叶脉被长柔毛；总状花序有花 5~7 朵；花瓣白色，蒴果倒卵形，种子长约 3 毫米，具短尾。花期 6~7 月，果期 10~11 月。

太子山保护区有分布，生于海拔 2300~2700 米的山坡地带。

东陵绣球

Hydrangea bretschneideri

虎耳草科绣球属

灌木，当年生小枝栗红色至栗褐色或淡褐色，树皮较薄，常呈薄片状剥落。叶薄纸质或纸质，卵形至长卵形，边缘有具硬尖头的锯形小齿或粗齿，干后上面常呈暗褐色，伞房状聚伞花序较短小，顶端截平或微拱；分枝3，近等粗，稍不等长，花瓣白色，卵状披针形或长圆形。蒴果卵球形；种子淡褐色，狭椭圆形或长圆形。花期6~7月，果期9~10月。

太子山保护区有分布，生于海拔2400~2900米的山地阴坡。

长果茶藨子

Ribes stenocarpum

虎耳草科茶藨子属

落叶灌木；老枝灰色或灰褐色，小枝棕色，幼时具柔毛，老时脱落，皮呈条状或片状剥落，节间散生稀疏小针刺或无刺；芽卵圆形，小，具数枚干膜质鳞片。叶近圆形或宽卵圆形，边缘具粗钝锯齿；叶柄具柔毛和稀疏腺毛。花两性，2~3朵组成短总状花序或单生于叶腋；花瓣长圆形或舌形，白色；花药卵圆形或卵状长圆形，伸出花瓣。果实长圆形，浅绿色有红晕或红色，无毛。花期5~6月，果期7~8月。

太子山保护区少有分布，生于海拔2400~2900米的山坡地带。

宝兴茶藨子

Ribes moupinense

虎耳草科茶藨子属

　　落叶灌木，高 2~3（5）米。小枝暗紫褐色，皮稍呈长条状纵裂或不裂，嫩枝棕褐色，无毛，无刺；芽卵圆形或长圆形。叶卵圆形或宽三角状卵圆形，边缘具不规则的尖锐单锯齿和重锯齿；叶柄长 5~10 厘米。花两性；苞片宽卵圆形或近圆形；花萼绿色而有红晕，外面无毛；萼筒钟形；萼片卵圆形或舌形；花瓣倒三角状扇形；花丝丝形，花药圆形。果实球形，几无梗，黑色，无毛。花期 5~6 月，果期 7~8 月。

　　太子山保护区零星分布，生于海拔 2300~2500 米的山坡地带。

三裂茶藨子

Ribes moupinense

var. *tripartitum*

虎耳草科茶藨子属

　　落叶灌木，嫩枝无毛和刺。单叶互生，宽三角状卵圆形，长、宽均 5~9 厘米，叶基部深心脏形，边缘 3 深裂，裂片狭长，狭卵状披针形或狭三角状长卵圆形，顶生裂片与侧生裂片近等长，先端长渐尖。花两性，直径 4~6 毫米；总状花序长 5~12 厘米，下垂，具 9~25 朵疏松排列的花；花梗极短或几无；花萼绿色而有红晕，外面无毛；花瓣长 1~1.8 毫米。果实球形，几无梗，直径 5~7 毫米，黑色，无毛。

　　太子山保护区有分布，生于海拔 2400~2700 米的灌丛、山地。

瘤糖茶藨子

Ribes himalense
var. verruculosum

虎耳草科茶藨子属

　　落叶小灌木；枝粗壮，小枝黑紫色或暗紫色；芽小，卵圆形或长圆形。叶卵圆形或近圆形，边缘具粗锐重锯齿或杂以单锯齿。花两性；花瓣近匙形或扇形，红色或绿色带浅紫红色；花丝丝状，花药圆形，白色。果实球形，红色或熟后转变成紫黑色，无毛。花期4~6月，果期7~8月。

　　太子山保护区有分布，生于海拔2400~2700米的山地灌丛中。

细枝茶藨子

Ribes tenue

虎耳草科茶藨子属

　　落叶灌木，枝细瘦，小枝灰褐色或灰棕色，皮长条状或薄片状撕裂，幼枝暗紫褐色或暗红褐色，无柔毛，芽卵圆形或长卵圆形，先端急尖，具数枚紫褐色鳞片。叶长卵圆形，稀近圆形，基部截形至心脏形，边缘具深裂或缺刻状重锯齿，或混生少数粗锐单锯齿；花单性，雌雄异株，组成直立总状花序；花瓣楔状匙形或近倒卵圆形，先端圆钝，暗红色；果实球形，暗红色，无毛。花期5~6月，果期8~9月。

　　太子山保护区有分布，生于海拔2400~2700米的山地灌丛中。

小果茶藨子

Ribes vilmorinii

虎耳草科茶藨子属

落叶小灌木，小枝灰色、灰褐色至灰黑色，皮纵向剥落，嫩枝红褐色，具短柔毛，稀近无毛，无刺；芽卵圆形。叶卵圆形或近圆形，基部截形，稀浅心脏形，边缘具不整齐的粗钝重锯齿。花单性，雌雄异株，组成直立总状花序；花瓣扇状近圆形，先端圆截形；花药卵圆形；花柱2裂较深。果实卵球形，直径4~6毫米，黑色，无柔毛，具疏腺毛。花期5~6月，果期8~9月。

太子山保护区有分布，生于海拔2300~2600米的山地灌丛中。

红萼茶藨子

Ribes rubrisepalum

虎耳草科茶藨子属

落叶灌木。叶宽卵圆形或近圆形，长2.5~4.5厘米，宽与长几相等，基部心脏形，掌状3~5裂，顶生裂片长于侧生裂片，边缘具缺刻状粗锐重锯齿和单锯齿；叶柄长1.5~2.5厘米。花单性，雌雄异株，总状花序直立；雄花序长3~5.5厘米，具花14~20朵；雌花序较短，长2~4厘米，具花15朵以下；花萼深红色或紫红色；花瓣近扇形。果实近球形，直径5~9毫米，黑色，无毛。

太子山保护区有分布，生于海拔2300~2700米的山地灌丛中。

陕西茶藨子

Ribes giraldii

虎耳草科茶藨子属

落叶灌木，高 2~3 米；小枝栗褐色，皮纵向剥裂。叶宽卵圆形，两面均被柔毛和腺毛，掌状 3~5 裂。花单性，雌雄异株，形成总状花序；果序具果 1~2 枚；花萼黄绿色，外面具柔毛或混生疏腺毛。浆果卵球形，红色。

太子山保护区有分布，生于海拔 2400~2700 米的山坡、灌丛。

落新妇

Astilbe chinensis

虎耳草科落新妇属

多年生草本，高 50~100 厘米。根状茎暗褐色，粗壮，须根多数。茎无毛。基生叶为二至三回三出羽状复叶；顶生小叶片菱状椭圆形，侧生小叶片卵形至椭圆形，先端短渐尖至急尖，边缘有重锯齿，基部楔形、浅心形至圆形，腹面沿脉生硬毛，背面沿脉疏生硬毛和小腺毛；花瓣 5，淡紫色至紫红色，线形。

太子山保护区有分布，生于海拔 2200~2500 米的沟谷地带。

道孚虎耳草

Saxifraga lumpuensis

虎耳草科虎耳草属

多年生草本。叶全部基生，具长柄；叶片卵形、阔卵形至长圆形，边缘具圆齿和睫毛，基部截形、楔形至心形。聚伞花序圆锥状；萼片三角状卵形，带紫红色；花瓣紫红色，卵形至狭卵形，基部狭缩成爪；花盘肥厚。蒴果 2 果瓣上部叉开。

太子山保护区有分布，生于海拔 2400~2800 米的山坡、灌丛。

黑虎耳草

Saxifraga atrata

虎耳草科虎耳草属

多年生草本，高 7~23 厘米。根状茎很短。叶基生；叶片卵形至阔卵形，先端急尖或稍钝，边缘具圆齿状锯齿和睫毛，两面近无毛；花葶单一，或数条丛生，疏生白色卷曲柔毛。聚伞花序圆锥状或总状，花瓣白色，卵形至椭圆形。

太子山保护区有分布，生于海拔 2200~2600 米的山地阴坡。

山地虎耳草

Saxifraga sinomontana

虎耳草科虎耳草属

　　多年生草本，丛生，高 4.5~35
厘米。茎疏被褐色卷曲柔毛。基
生叶发达，具柄，叶片椭圆形、
长圆形至线状长圆形，两面无毛
或背面和边缘疏生褐色长柔毛，
花瓣黄色，倒卵形、椭圆形、长
圆形、提琴形至狭倒卵形。

　　太子山保护区有分布，生于
海拔 2400~2900 米的山地灌丛中。

优越虎耳草

Saxifraga egregia

虎耳草科虎耳草属

　　多年生草本；茎中下部疏生
褐色卷曲柔毛，稀无毛；基生叶具
长柄，叶片心形、心状卵形至狭
卵形，背面和边缘具褐色长柔毛，
边缘具卷曲长腺毛；多歧聚伞花序
伞房状，具 3~9 花；花梗被短腺毛；
萼片在花期反曲；花瓣黄色。

　　太子山保护区有分布，生于
海拔 2300~2600 米的山地、阴坡。

肾叶金腰

Chrysosplenium griffithii

虎耳草科金腰属

多年生草本，高 8.5~32.7 厘米，丛生。茎不分枝，无毛。无基生叶，或仅具 1 枚，叶片肾形，叶柄疏生褐色柔毛和乳头突起；茎生叶互生，聚伞花序，苞片肾形、扇形、阔卵形至近圆形。

太子山保护区有分布，生于海拔 2400~2600 米的林缘山地。

中华金腰

Chrysosplenium sinicum

虎耳草科金腰属

多年生草本，高达 33 厘米。不育枝发达，无毛，叶互生，宽卵形或近圆形，稀倒卵形。花茎无毛。叶对生，近圆形或宽卵形。聚伞花序；花序分枝无毛；苞叶宽卵形、卵形或窄卵形。花黄绿色；萼片直立，宽卵形或宽椭圆形，子房半下位；无花盘。种子椭圆形，长 0.6~0.9 毫米，被微乳突。

太子山保护区有分布，生于海拔 2400~2900 米的山坡地带。

柔毛金腰

Chrysosplenium pilosum
var. *valdepilosum*

虎耳草科金腰属

多年生小草本。茎肉质，有柔毛。叶对生，近扇形，有浅圆齿，疏生短伏毛。不孕枝上部密生锈色柔毛，顶部叶稍密集，叶片卵形或宽椭圆形，两面有稀疏短白毛，边缘有圆钝齿。聚伞花序紧密；苞片叶状，有圆齿；花黄色，钟形；萼片 4，圆卵形；花瓣无。

太子山保护区有分布，生于海拔 2500~2900 米的林间空地。

细叉梅花草

Parnassia oreophila

虎耳草科梅花草属

多年生小草本，高 17~30 厘米。根状茎粗壮，形状不定，常呈长圆形或块状，其上有残存褐色鳞片，周围长出丛密细长的根。叶片卵状长圆形或三角状卵形，先端圆，有时带短尖头，基部常截形或微心形，有时下延于叶柄，全缘，上面深绿色，下面色淡，有 3~5 条明显突起之脉；花瓣白色，宽匙形或倒卵长圆形，子房半下位，长卵球形，花柱短，裂片长圆形，花后开展。蒴果长卵球形。

太子山保护区有分布，生于海拔 2400~3000 米的高山草地。

三脉梅花草

Parnassia trinervis

虎耳草科梅花草属

多年生草本。基生叶丛生，矩圆形、矩圆状披针形至广卵形，基部下延。花单生茎顶，白色或黄绿色；花瓣5，狭匙状倒披针形，基部具爪并有3脉。蒴果矩圆形。

太子山保护区有分布，生于海拔 2400~2800 米的灌丛中。

短柱梅花草

Parnassia brevistyla

虎耳草科梅花草属

多年生草本，高 11~23 厘米。根状茎圆柱形、块状等形状多样，其上有褐色膜质鳞片，其下长出多数较发达纤维状根。花单生于茎顶，萼筒浅，萼片长圆形、卵形或倒卵形，全缘，中脉明显，在基部和内面常有紫褐色小点；花瓣白色，宽倒卵形或长圆倒卵形，花药椭圆形，子房卵球形，花柱短。

太子山保护区有分布，生于海拔 2400~2900 米的山坡。

长芽绣线菊

Spiraea longigemmis

蔷薇科绣线菊属

灌木。小枝细长；冬芽长卵形，较叶柄长或几与叶柄等长，有 2 枚外露鳞片。叶片长卵形、卵状披针形至长圆披针形，长 2~4 厘米，宽 1~2 厘米，先端急尖，有缺刻状重锯齿或单锯齿；叶柄长 2~5 毫米。复伞房花序着生在侧枝顶端，直径 4~6 厘米，多花，被稀疏短柔毛或近无毛；花直径 5~6 毫米，白色。蓇葖果半开张，萼片直立或反折。花期 5~7 月，果期 8~10 月。

太子山保护区零星分布，生于海拔 2900~3300 米的山坡地带。

南川绣线菊

Spiraea rosthornii

蔷薇科绣线菊属

灌木，高达 2 米。枝条开张，幼时具短柔毛，黄褐色，以后脱落，老时灰褐色。叶片卵状长圆形至卵状披针形，上面绿色，下面带灰绿色。复伞房花序生在侧枝先端，被短柔毛，有多数花朵；花苞片卵状披针形至线状披针形，有少数锯齿，两面被短柔毛；萼筒钟状，内外两面有短柔毛；花瓣卵形至近圆形，先端钝，白色；花柱短于雄蕊。蓇葖果开张，被短柔毛，花柱顶生，倾斜开展，萼片反折。花期 5~6 月，果期 8~9 月。

太子山保护区有分布，生于海拔 2400~2700 米的沟谷地带。

高山绣线菊

Spiraea alpina

蔷薇科绣线菊属

灌木，高 50~120 厘米。枝条直立或开张，小枝有明显棱角，幼时被短柔毛，红褐色，老时灰褐色。叶片多数簇生，全缘，两面无毛，下面灰绿色，具粉霜，叶脉不显著；叶柄甚短或几无柄。伞形总状花序具短总梗；花瓣倒卵形或近圆形，先端圆钝或微凹，白色；花盘显著，圆环形。蓇葖果开张，无毛或仅沿腹缝线具稀疏短柔毛，花柱近顶生，开展，常具直立或半开张萼片。花期 6~7 月，果期 8~9 月。

太子山保护区有分布，生于海拔 3000~3500 米的山坡。

细枝绣线菊

Spiraea myrtilloides

蔷薇科绣线菊属

落叶灌木；冬芽小，具 2~8 外露的鳞片。单叶互生，边缘有锯齿或缺刻，有时分裂，稀全缘，羽状叶脉，或基部有 3~5 出脉，通常具短叶柄，无托叶。花两性，稀杂性，成伞形、伞形总状、伞房或圆锥花序；萼筒钟状；花瓣 5，常圆形，较萼片长。蓇葖果 5，常沿腹缝线开裂，内具数粒细小种子；种子线形至长圆形。

太子山保护区有分布，生于海拔 2400~2700 米的山坡。

蒙古绣线菊

Spiraea mongolica

蔷薇科绣线菊属

　　灌木；小枝灰褐色，具角棱；冬芽具2枚外露鳞片。叶片矩圆形或椭圆形，全缘，稀先端具少数锯齿。伞形总状花序具花8~15朵；花瓣白色，近圆形；雄蕊多数，与花瓣近等长；心皮5。蓇葖果直立开展，宿存萼裂片直立或反折。

　　太子山保护区有分布，生于海拔2200~2600米的山坡、灌丛多石砾地。

毛叶绣线菊

Spiraea mollifolia

蔷薇科绣线菊属

　　灌木，高达2米；小枝具显明棱角，幼时密被短柔毛，带褐色，老时毛渐脱落。叶片长圆形、椭圆形或稀倒卵形，全缘或先端有少数钝锯齿；叶柄长2~5毫米。伞形总状花序具总梗；萼筒钟状，内外两面均密被长柔毛；花瓣近圆形，长与宽各2~3毫米，白色；花盘具10个肥厚圆形裂片，排列成环形。蓇葖果直立开张，被短柔毛，花柱着生于背部近先端，多数直立开展，具直立萼片。花期6~8月，果期7~10月。

　　太子山保护区有分布，生于海拔2500~3100米的灌木林中。

鲜卑花

Sibiraea laevigata

蔷薇科鲜卑花属

灌木；小枝粗壮，圆柱形，光滑无毛，幼时紫红色，老时黑褐色。叶在当年生枝条多互生，在老枝上丛生，叶片线状披针形、宽披针形或长圆倒披针形，全缘，上下两面无毛；叶柄不显，无托叶。顶生穗状圆锥花序；花瓣倒卵形，白色；花丝细长，药囊黄色；花盘环状。蓇葖果 5，并立，具直立稀开展的宿萼。花期 7 月，果期 8~9 月。

太子山保护区少有分布，生于海拔 2400~2800 米的河谷地带。

窄叶鲜卑花

Sibiraea angustata

蔷薇科鲜卑花属

灌木；小枝微有棱角，幼时暗紫色，老时黑紫色。叶在当年生枝条上互生，在老枝上通常丛生，叶片窄披针形或倒披针形，全缘。顶生穗状圆锥花序，总花梗和花梗、苞片、萼片均密被短柔毛；花瓣宽倒卵形，白色。蓇葖果直立，具宿存直立萼片。

太子山保护区少有分布，生于海拔 2400~2800 米的河谷地带。

华北珍珠梅

Sorbaria kirilowii

蔷薇科珍珠梅属

灌木，枝条开展；小枝圆柱形。羽状复叶；小叶片对生，披针形至长圆披针形，边缘有尖锐重锯齿，羽状网脉。顶生大型密集的圆锥花序，分枝斜出或稍直立；花瓣倒卵形或宽卵形，白色；花盘圆杯状。蓇葖果长圆柱形，无毛，长约3毫米，花柱稍侧生，向外弯曲；萼片宿存，反折，稀开展；果梗直立。花期6~7月，果期9~10月。

太子山保护区有分布，生于海拔2300~2800米的林缘灌丛中。

匍匐栒子

Cotoneaster adpressus

蔷薇科栒子属

落叶匍匐灌木，茎不规则分枝，平铺地上；小枝细瘦，圆柱形。叶片宽卵形或倒卵形，稀椭圆形，先端圆钝或稍急尖，基部楔形，边缘全缘而呈波状，上面无毛，下面具稀疏短柔毛或无毛；叶柄长1~2毫米，无毛；托叶钻形，成长时脱落。花1~2朵，几无梗，直径7~8毫米；萼筒钟状；花瓣直立，倒卵形，先端微凹或圆钝，粉红色。果实近球形，直径6~7毫米，通常有2小核，稀3小核。花期5~6月，果期8~9月。

太子山保护区有分布，生于海拔2600~3400米的山坡地带。

水枸子

Cotoneaster multiflorus

蔷薇科枸子属

　　落叶灌木，高达 4 米；枝条细瘦，常呈弓形弯曲，小枝圆柱形，红褐色或棕褐色。叶片卵形或宽卵形，先端急尖或圆钝，基部宽楔形或圆形，上面无毛，下面幼时稍有绒毛，后渐脱落；叶柄长 3~8 毫米。花多数，成疏松的聚伞花序；苞片线形；萼筒钟状；花瓣平展，近圆形。果实近球形或倒卵形，红色，有 1 个由 2 心皮合生而成的小核。花期 5~6 月，果期 8~9 月。

　　太子山保护区有分布，生于海拔 2200~2700 米的山坡杂木林中。

毛叶水枸子

Cotoneaster submultiflorus

蔷薇科枸子属

　　落叶直立灌木，高 2~4 米；小枝细，圆柱形，棕褐色或灰褐色。叶片卵形、菱状卵形至椭圆形，先端急尖或圆钝，基部宽楔形，全缘，上面无毛或幼时微具柔毛，下面具短柔毛；叶柄长 4~7 毫米，微具柔毛；托叶披针形，有柔毛，多数脱落。花多数，成聚伞花序，萼筒钟状；花瓣平展，卵形或近圆形，长 3~5 毫米，先端圆钝或稀微缺，白色。果实近球形，亮红色，有由 2 心皮合生的 1 小核。花期 5~6 月，果期 9 月。

　　太子山保护区有分布，生于海拔 2200~2700 米的河岸陡坡或灌木丛中。

细枝栒子

Cotoneaster tenuipes

蔷薇科栒子属

落叶灌木，高 1~2 米；小枝细瘦，圆柱形，褐红色，幼时具灰黄色平贴柔毛，一年生枝无毛。叶片卵形、椭圆卵形至狭椭圆卵形，全缘，上面幼时具稀疏柔毛，老时近无毛，叶脉微下陷，下面被灰白色平贴绒毛，叶脉稍突起；叶柄长 3~5 毫米，具柔毛；托叶披针形。花 2~4 朵成聚伞花序，萼筒钟状；花瓣直立，卵形或近圆形。果实卵形，紫黑色，有 1~2 小核。花期 5 月，果期 9~10 月。

太子山保护区广有分布，生于海拔 2200~2500 米的山坡杂木林中。

西北栒子

Cotoneaster zabelii

蔷薇科栒子属

落叶灌木，高达 2 米；枝条细瘦开张，小枝圆柱形，深红褐色，幼时密被带黄色柔毛，老时无毛。叶片椭圆形至卵形，全缘，上面具稀疏柔毛，下面密被带黄色或带灰色绒毛；叶柄长 1~3 毫米，被绒毛；托叶披针形。花 3~13 朵成下垂聚伞花序；萼筒钟状；花瓣直立，倒卵形或近圆形。果实倒卵形至卵球形，直径 7~8 毫米，鲜红色，常具 2 小核。花期 5~6 月，果期 8~9 月。

太子山保护区有分布，生于海拔 2200~3400 米的山坡、沟谷、灌丛中。

灰栒子

Cotoneaster acutifolius

蔷薇科栒子属

　　落叶灌木，高 2~4 米；枝条开张，小枝细瘦，圆柱形，棕褐色或红褐色，幼时被长柔毛。叶片椭圆卵形至长圆卵形；叶柄长 2~5 毫米，具短柔毛。花 2~5 朵成聚伞花序；苞片线状披针形；花梗长 3~5 毫米；萼筒钟状或短筒状，外面被短柔毛，内面无毛；萼片三角形，先端急尖或稍钝，外面具短柔毛，内面先端微具柔毛；花瓣直立；花柱通常 2。果实椭圆形，稀倒卵形，黑色，内有小核 2~3 个。花期 5~6 月，果期 9~10 月。

　　太子山保护区有分布，生于海拔 2200~2700 米的山坡、沟谷及灌丛中。

尖叶栒子

Cotoneaster acuminatus

蔷薇科栒子属

　　落叶直立灌木，高 2~3 米；枝条开张，小枝圆柱形，灰褐色至棕褐色。叶片椭圆卵形至卵状披针形，先端渐尖，稀急尖，基部宽楔形，全缘，两面被柔毛，下面毛较密；叶柄长 3~5 毫米，有柔毛；托叶披针形，至果期尚宿存。花 1~5 朵，通常 2~3 朵，成聚伞花序；花梗长 3~5 毫米；花直径 6~8 毫米；萼筒钟状；花瓣直立，卵形至倒卵形；花柱 2。果实椭圆形，红色，内具 2 小核。花期 5~6 月，果期 9~10 月。

　　太子山保护区有分布，生于海拔 2200~3000 米的杂木林内。

平枝栒子

Cotoneaster horizontalis

蔷薇科栒子属

落叶或半常绿匍匐灌木，枝水平开张成整齐两列状；小枝圆柱形，幼时外被糙伏毛，老时脱落，黑褐色。叶片近圆形或宽椭圆形，稀倒卵形，全缘；叶柄长1~3毫米，被柔毛，托叶钻形，早落。花1~2朵，近无梗；萼筒钟状，外面有稀疏短柔毛，内面无毛；花瓣直立，倒卵形，先端圆钝，粉红色。果实近球形，鲜红色，常具3小核。花期5~6月，果期9~10月。

太子山保护区有分布，生于海拔2200~3200米的山谷、山坡灌丛中。

细弱栒子

Cotoneaster gracilis

蔷薇科栒子属

落叶灌木，高1~3米；小枝纤细，圆柱形，棕红色至灰褐色，幼时密被平铺柔毛，逐渐脱落，一年生枝无毛。叶片卵形至长圆卵形，先端圆钝或急尖，全缘，上面无毛或微具柔毛，下面密被白色绒毛；叶柄长2~3毫米，被白色绒毛；托叶细小。聚伞花序具花3~7朵，总花梗和花梗稍具柔毛；苞片线形，细小，有柔毛；萼筒钟状。果实倒卵形，红色，外面微具柔毛，常具2小核。花期5~6月，果期8~9月。

太子山保护区有分布，生于海拔2200~3000米的山坡、河滩。

甘肃山楂

Crataegus kansuensis

蔷薇科山楂属

灌木或乔木；枝刺多，锥形；小枝细，无毛，绿带红色。叶片宽卵形，边缘有尖锐重锯齿和5~7对不规则羽状浅裂片，裂片三角卵形，先端急尖或短渐尖，上面有稀疏柔毛，下面中脉及脉腋有髯毛；叶柄细，长1.8~2.5厘米，无毛。伞房花序；萼筒钟状；萼片三角卵形；花瓣白色，近圆形。果实近球形；果梗细。花期5月，果期7~9月。

太子山保护区有分布，生于海拔2200~2600米的山谷杂木林中。

橘红山楂

Crataegus aurantia

蔷薇科山楂属

小乔木，高3~5米，无刺或有刺，刺长1~2厘米，深紫色；小枝幼时被柔毛，一年生深紫色，老时灰褐色。叶片宽卵形，边缘有2~3对浅裂片，裂片卵圆形，先端急尖，锯齿尖锐不整齐；叶柄长1.5~2厘米，密被柔毛。复伞房花序，多花；花瓣近圆形，白色。果实幼时长圆卵形，成熟时近球形，直径约1厘米，干时橘红色，有2~3小核，核背面隆起，腹面有凹痕。花期5~6月，果期8~9月。

太子山保护区有分布，生于海拔2400米以下山区杂木林内、林缘或灌丛中。

天山花楸
Sorbus tianschanica
蔷薇科花楸属

灌木或小乔木，高达5米；小枝粗壮，圆柱形，褐色或灰褐色。奇数羽状复叶，边缘大部分有锐锯齿；叶轴微具窄翅，上面有沟，无毛。复伞房花序大形，有多数花朵，排列疏松，无毛；花瓣卵形或椭圆形，先端圆钝，白色。内面微具白色柔毛；花柱3~5，通常5。果实球形，直径10~12毫米，鲜红色。花期5~6月，果期9~10月。

太子山保护区有零星分布，生于海拔2600~3200米的河谷、沙滩地带。

北京花楸
Sorbus discolor
蔷薇科花楸属

乔木，高达10米；小枝圆柱形，二年生枝紫褐色。奇数羽状复叶，叶柄长约3厘米；小叶片5~7对，基部一对小叶常稍小，长圆形、长圆椭圆形至长圆披针形，基部通常圆形，下面色浅，具白霜，侧脉12~20对，在叶边弯曲；叶轴无毛，上面具浅沟。复伞房花序较疏松，有多数花朵，总花梗和花梗均无毛；花瓣卵形或长圆卵形，白色，无毛。果实卵形，白色或黄色。花期5月，果期8~9月。

太子山保护区有分布，生于海拔2200~2600米的山谷、水边或山坡杂木林中。

西南花楸

Sorbus rehderiana

蔷薇科花楸属

灌木或小乔木。奇数羽状复叶连叶柄共长 10~15 厘米；小叶片 7~9 对，小叶片长圆形至长圆披针形，边缘自近基部 1/3 以上有细锐锯齿，齿尖内弯。复伞房花序具密集的花朵，总花梗和花梗上均有稀疏锈褐色柔毛，后逐渐脱落；花梗极短；花瓣宽卵形或椭圆卵形，先端圆钝，白色。果实卵形，粉红色至深红色。

太子山保护区有分布，生于海拔 2500~2800 米的灌木丛中。

陕甘花楸

Sorbus koehneana

蔷薇科花楸属

灌木或小乔木，高达 4 米；小枝圆柱形，暗灰色或黑灰色。奇数羽状复叶，叶柄长 1~2 厘米；小叶片 8~12 对，长圆形至长圆披针形，边缘每侧有尖锐锯齿，全部有锯齿或仅基部全缘。复伞房花序多生在侧生短枝上，具多数花朵；花瓣宽卵形，白色；花柱 5。果实球形，直径 6~8 毫米，白色，先端具宿存闭合萼片。花期 6 月，果期 9 月。

太子山保护区广有分布，生于海拔 2200~3500 米的山谷、灌木丛中。

木梨

Pyrus xerophila

蔷薇科梨属

乔木;二年生枝条褐灰色。叶片卵形至长卵形,稀长椭圆状卵形,边缘有钝锯齿;叶柄长 2.5~5 厘米,无毛。伞形总状花序;花瓣宽卵形,白色;花柱 5（稀 4）,基部具稀疏柔毛。果实卵球形或椭圆形,直径 1~1.5 厘米,褐色,有稀疏斑点;果梗长 2~3.5 厘米。花期 4 月,果期 8~9 月。

太子山保护区有分布,生于海拔 2200~2500 米的山坡、灌木丛中。

山荆子

Malus baccata

蔷薇科苹果属

乔木,高达 10~14 米;树冠广圆形,幼枝细弱,微屈曲,圆柱形,无毛,红褐色,老枝暗褐色。叶片椭圆形或卵形,先端渐尖,基部楔形或圆形,边缘有细锐锯齿;叶柄长 2~5 厘米,幼时有短柔毛及少数腺体,不久即全部脱落,无毛。伞形花序,具花4~6 朵;花瓣倒卵形,白色;花柱 5或 4。果实近球形,红色或黄色。花期 4~6 月,果期 9~10 月。

太子山保护区有分布,生于海拔 2200~2500 米的山坡杂木林中及山谷阴处灌木丛中。

陇东海棠

Malus kansuensis

蔷薇科苹果属

　　灌木至小乔木，高3~5米。叶片卵形或宽卵形，先端急尖或渐尖，基部圆形或截形，边缘有细锐重锯齿，通常3浅裂，稀有不规则分裂或不裂，裂片三角卵形，先端急尖；叶柄长1.5~4厘米，有疏生短柔毛。伞形总状花序，具花4~10朵；花瓣宽倒卵形，基部有短爪，内面上部有稀疏长柔毛，白色。果实椭圆形或倒卵形，直径1~1.5厘米，黄红色，有少数石细胞，萼片脱落，果梗长2~3.5厘米。花期5~6月，果期7~8月。

　　太子山保护区有分布，生于海拔2200~3500米的山坡林缘。

花叶海棠

Malus transitoria

蔷薇科苹果属

　　灌木至小乔木；小枝细长，圆柱形，嫩时密被绒毛，老枝暗紫色或紫褐色；冬芽小，卵形，先端钝，密被绒毛，暗紫色，有数枚外露鳞片。叶片卵形至广卵形，先端急尖，基部圆形至宽楔形，边缘有不整齐锯齿；有窄叶翼，密被绒毛；托叶叶质，卵状披针形，先端急尖，全缘，被绒毛。花序近伞形；萼筒钟状，密被绒毛；萼片三角卵形；花瓣卵形，基部有短爪，白色。果实近球形。花期5月，果期9月。

　　太子山保护区有分布，生于海拔2200~2900米的山坡林缘或灌丛中。

紫色悬钩子

Rubus irritans

蔷薇科悬钩子属

矮小半灌木或近草本状;枝、叶柄、花梗和花萼被紫红色针刺、柔毛和腺毛。小叶3枚,稀5枚,卵形或椭圆形,下面密被灰白色绒毛,边缘有不规则粗锯齿或重锯齿。花下垂,常单生或2~3朵生于枝顶;花瓣宽椭圆形或匙形,白色,具柔毛,萼片长卵形,花后直立。果实近球形,直径1~1.5厘米,红色,被绒毛;核较平滑或稍有网纹。花期6~7月,果期8~9月。

太子山保护区有分布,生于海拔2200~2700米的山坡、灌丛中。

菰帽悬钩子

Rubus pileatus

蔷薇科悬钩子属

攀缘灌木;小枝紫红色,被白粉,疏生皮刺。小叶常5~7枚,卵形、长圆状卵形或椭圆形,边缘具粗重锯齿;叶柄长3~10厘米,顶生小叶柄长1~2厘米,侧生小叶近无柄。伞房花序顶生;花梗细,疏生细小皮刺或无刺;花瓣倒卵形,白色,基部具短爪并疏生短柔毛;花柱在果期增长。果实卵球形,红色,具宿存花柱,密被灰白色绒毛;核具明显皱纹。花期6~7月,果期8~9月。

太子山保护区有分布,生于海拔2200~2800米的山谷、山坡林缘、灌丛或杂木林中。

茅莓

Rubus parvifolius

蔷薇科悬钩子属

小灌木；枝呈拱形弯曲，有短柔毛及倒生皮刺。小叶 3，有时 5，顶端小叶菱状圆形，侧生小叶较小，宽倒卵形，边缘浅裂和不整齐粗锯齿，下面密生白色绒毛。伞房花序有花 3~10 朵；总花梗和花梗密生绒毛；花粉红色或紫红色。聚合果球形，红色。

太子山保护区均有分布，生于海拔 2200 米的杂木林或灌丛中。

腺花茅莓

Rubus parvifolius

var. *adenochlamys*

蔷薇科悬钩子属

与茅莓的区别：花萼或花梗具带红色腺毛。

太子山保护区有分布，生于海拔 2200 米的杂木林或灌丛中。

喜阴悬钩子

Rubus mesogaeus

蔷薇科悬钩子属

攀缘灌木；老枝有稀疏基部宽大的皮刺，小枝红褐色或紫褐色。小叶常 3 枚，稀 5 枚，顶生小叶宽菱状卵形或椭圆卵形，侧生小叶斜椭圆形或斜卵形，顶端急尖，边缘有不整齐粗锯齿并常浅裂。伞房花序生于侧生小枝顶端或腋生；花瓣倒卵形、近圆形或椭圆形，白色或浅粉红色。果实扁球形，紫黑色，无毛；核三角卵球形，有皱纹。花期 4~5 月，果期 7~8 月。

太子山保护区有分布，生于海拔 2200~2500 米的山坡丛林中。

秀丽莓

Rubus amabilis

蔷薇科悬钩子属

灌木，高 1~3 米；枝紫褐色或暗褐色，无毛，具稀疏皮刺；花枝短，具柔毛和小皮刺。小叶 7~11 枚，卵形或卵状披针形，边缘具缺刻状重锯齿；托叶线状披针形，具柔毛。花单生于侧生小枝顶端，下垂；花萼绿带红色；萼片宽卵形，顶端渐尖或具突尖头，在花果时均开展；花瓣近圆形，白色；花丝线形，带白色；花柱浅绿色，无毛。果实长圆形，稀椭圆形，红色；核肾形，稍有网纹。花期 4~5 月，果期 7~8 月。

太子山保护区有分布，生于海拔 2200~2400 米的山坡丛林中。

直立悬钩子

Rubus stans

蔷薇科悬钩子属

灌木;枝被柔毛和腺毛,疏生皮刺。小叶3枚,宽卵形至长卵形,上下两面均伏生柔毛,边缘有不整齐细锐锯齿和疏腺毛,顶生小叶有时3裂。花3~4朵着生于侧生小枝顶端或单花腋生;花萼紫红色,外面密被柔毛和腺毛;花瓣宽椭圆形或长圆形,白色或带紫色。果实近球形,橘红色。

太子山保护区有分布,生于海拔2300~2800米的山坡丛林中。

针刺悬钩子

Rubus pungens

蔷薇科悬钩子属

匍匐灌木,高达3米;枝圆柱形,幼时被柔毛,老时脱落,常具较稠密的直立针刺。小叶卵形、三角卵形或卵状披针形,边缘具尖锐重锯齿或缺刻状重锯齿,顶生小叶常羽状分裂;托叶小,线形,有柔毛。花单生或2~4朵成伞房状花序,顶生或腋生;萼片披针形或三角披针形;花瓣长圆形、倒卵形或近圆形,白色。果实近球形,红色,具柔毛或近无毛;核卵球形,有明显皱纹。花期4~5月,果期7~8月。

太子山保护区有分布,生于海拔2200~3000米的山坡丛林中。

黄果悬钩子

Rubus xanthocarpus

蔷薇科悬钩子属

低矮半灌木;根状茎匍匐,木质;地上茎草质,分枝或不分枝,通常直立,有钝棱,疏生较长直立针刺。小叶 3 枚,有时 5 枚,长圆形或椭圆状披针形,边缘具不整齐锯齿;叶柄长 3~8 厘米,全缘或边缘浅条裂。花 1~4 朵成伞房状,顶生或腋生,稀单生;花瓣倒卵圆形至匙形,白色。果实扁球形,橘黄色,无毛;核具皱纹。花期 5~6 月,果期 8 月。

太子山保护区有分布,生于海拔 2200~3000 米的山坡丛林中。

金露梅

Potentilla fruticosa

蔷薇科委陵菜属

灌木,高 0.5~2 米,多分枝。小枝红褐色,幼时被长柔毛。羽状复叶,有小叶 2 对,稀 3 小叶,上面一对小叶基部下延与叶轴汇合;叶柄被绢毛或疏柔毛;小叶片长圆形、倒卵长圆形或卵状披针形,全缘,边缘平坦。单花或数朵生于枝顶,花梗密被长柔毛或绢毛;花瓣黄色,宽倒卵形,顶端圆钝,花柱近基生,棒形,基部稍细,顶部缢缩,柱头扩大。瘦果近卵形,褐棕色。花果期 6~9 月。

太子山保护区有分布,生于海拔 2600~3200 米高山灌丛或高山草甸旁。

银露梅

Potentilla glabra

蔷薇科委陵菜属

灌木，高达 3 米。小枝灰褐或紫褐色，疏被柔毛。羽状复叶，有 3~5 小叶，叶柄被疏柔毛；小叶椭圆形、倒卵状椭圆形或卵状椭圆形，边缘全缘，平坦或微反卷，两面疏被柔毛或近无毛。单花或数朵顶生。萼片卵形；花瓣白色，倒卵形；花柱近基生，棒状，基部较细，在柱头下缢缩，柱头扩大。瘦果被毛。花果期 6~11 月。

太子山保护区有分布，生于海拔 2600~3600 米的高山灌丛或草甸。

小叶金露梅

Potentilla parvifolia

蔷薇科委陵菜属

灌木，高 0.3~1.5 米，分枝多。小枝灰色或灰褐色，幼时被灰白色柔毛或绢毛。叶为羽状复叶，有小叶 2 对，常混生有 3 对，基部 2 对小叶呈掌状或轮状排列；小叶小，披针形、带状披针形或倒卵披针形，顶端常渐尖，稀圆钝，基部楔形，边缘全缘，明显向下反卷，两面绿色，被绢毛，或下面粉白色，有时被疏柔毛。顶生单花或数朵，花梗被灰白色柔毛或绢状柔毛；花瓣黄色，宽倒卵形，顶端微凹或圆钝；花柱棒状，基部稍细。花果期 6~8 月。

太子山保护区有分布，生于海拔 2400~3800 米的高山草地上。

二裂委陵菜

Potentilla bifurca

蔷薇科委陵菜属

多年生草本或亚灌木。根圆柱形，纤细，木质。花茎直立或上升，高 5~20 厘米，密被疏柔毛或微硬毛。羽状复叶，有小叶5~8 对，叶柄密被疏柔毛或微硬毛，小叶片无柄，对生，稀互生，椭圆形或倒卵椭圆形，顶端常 2裂，稀 3 裂，基部楔形或宽楔形，两面绿色，伏生疏柔毛；下部近伞房状聚伞花序，顶生，疏散；花瓣黄色，倒卵形，顶端圆钝；瘦果表面光滑。花果期 5~9 月。

太子山保护区有分布，生于海拔 2400~3200 米的山地草坡上。

蕨麻

Potentilla anserina

蔷薇科委陵菜属

多年生草本。根向下延长。茎匍匐，在节处生根，常着地长出新植株，外被伏生或半开展疏柔毛或脱落几无毛。基生叶为间断羽状复叶，叶柄被伏生或半开展疏柔毛，有时脱落几无毛。小叶对生或互生，无柄或顶生小叶有短柄，小叶片通常椭圆形，倒卵椭圆形或长椭圆形，叶脉明显或不明显，单花腋生；花瓣黄色，倒卵形，顶端圆形。

太子山保护区广泛分布，生于海拔 2300~3700 米的河边、路边、草甸。

多裂委陵菜

Potentilla multifida

蔷薇科委陵菜属

多年生草本。根圆柱形，稍木质化。花茎上升，稀直立，高12~40厘米。基生叶羽状复叶，花瓣黄色，倒卵形，顶端微凹，花序为伞房状聚伞花序，花后花梗伸长疏散；花梗长1.5~2.5厘米，被短柔毛；花柱圆锥形，近顶生，基部具乳头膨大，柱头稍扩大。瘦果平滑或具皱纹。花期5~8月。

太子山保护区有分布，生于海拔2200~3600米的沟谷、山坡草地及林缘。

委陵菜

Potentilla chinensis

蔷薇科委陵菜属

多年生草本。茎直立或斜上，有白色柔毛。羽状复叶，基生叶有小叶15~31，小叶矩圆状倒卵形或矩圆形，羽状深裂，裂片三角状披针形，下面密生白色绵毛。聚伞花序顶生，总花梗和花梗有白色绒毛；花瓣黄色，宽倒卵形，顶端微凹。

太子山保护区有分布，生于海拔2300~3200米的山坡草地、沟谷、林缘、灌丛下。

莓叶委陵菜

Potentilla fragarioides

蔷薇科委陵菜属

多年生草本。羽状复叶，基生叶小叶 2~3 对，稀 4 对，顶端 3 小叶较大，下部的小叶较小，椭圆状卵形、倒卵形或矩圆形，边缘有缺刻状锯齿，两面散生长柔毛；茎生叶小，有 3 小叶，叶柄短或无。伞房状聚伞花序，多花。

太子山保护区东湾、紫沟保护站有分布，生于海拔 2300~3200 米的草地、灌丛及疏林下。

等齿委陵菜

Potentilla simulatrix

蔷薇科委陵菜属

多年生匍匐草本。匍匐枝纤细，常在节上生根，长 15~30 厘米，被短柔毛及长柔毛；基生叶为三出掌状复叶，连叶柄长 3~10 厘米，叶柄被短柔毛及长柔毛，小叶几无柄。单花自叶腋生，花梗纤细，长 1.5~3 厘米，被短柔毛及疏柔毛；花直径 0.7~1 厘米；萼片卵状披针形，顶端急尖，副萼片长椭圆形，顶端急尖，几与萼片等长，稀略长，外被疏柔毛；花瓣黄色，倒卵形，顶端微凹或圆钝，比萼片长。瘦果有不明显脉纹。花果期 4~10 月。

太子山保护区有分布，生于海拔 2300~3500 米林下。

蛇莓

Duchesnea indica

蔷薇科蛇莓属

多年生草本;匍匐茎多数。小叶片倒卵形至菱状长圆形,边缘有钝锯齿;叶柄长 1~5 厘米,有柔毛。花单生于叶腋;直径 1.5~2.5 厘米;花瓣倒卵形,黄色;花托在果期膨大,海绵质,鲜红色。瘦果卵形。

太子山保护区紫沟、东湾、药水保护站有分布,生于海拔 2200 米左右的灌木林下。

黄蔷薇

Rosa hugonis

蔷薇科蔷薇属

灌木,枝拱形;皮刺扁平,常混生细密针刺。羽状复叶具 5~13 小叶,小叶卵状矩圆形或倒卵形,长 8~20 毫米,宽 5~12 毫米,边缘具尖锐锯齿,两面无毛。花单生于短枝顶端,黄色,直径 4~5.5 厘米。蔷薇果扁球形,红褐色。

太子山保护区有分布,生于海拔 2200~3300 米的山坡、灌木林下。

秦岭蔷薇
Rosa tsinglingensis
蔷薇科蔷薇属

　　小灌木，高 2~3 米；小枝纤细，散生浅色皮刺。小叶通常 11~13，稀 9，连叶柄长 5~11 厘米；小叶片椭圆形或长圆形，长 1~2 厘米，宽 8~12 毫米，边缘有重锯齿或单锯齿。叶轴和叶柄有散生皮刺和腺毛。花单生于叶腋；花梗长 1.5~2 厘米，有散生的腺毛；花直径 2.5~3 厘米；萼片三角状披针形，先端叶状；花瓣白色，倒卵形。果倒卵圆形至长圆倒卵圆形，长 2~3 厘米，红褐色，有宿存直立萼片。

　　太子山保护区有分布，生于海拔 2300~3500 米的灌丛中。

峨眉蔷薇
Rosa omeiensis
蔷薇科蔷薇属

　　直立灌木，高 3~4 米；小枝细弱，无刺或有扁而基部膨大皮刺，幼嫩时常密被针刺或无针刺。小叶片长圆形或椭圆状长圆形，先端急尖或圆钝，基部圆钝或宽楔形，边缘有锐锯齿；叶轴和叶柄有散生小皮刺。花单生于叶腋，无苞片；花瓣 4，白色。果倒卵球形或梨形，直径 8~15 毫米，亮红色，果成熟时果梗肥大。花期 5~6 月，果期 7~9 月。

　　太子山保护区有分布，生于海拔 2400~3000 米山坡灌木林下。

小叶蔷薇

Rosa willmottiae

蔷薇科蔷薇属

灌木，高 1~3 米；小枝细弱，无毛，有成对或散生、直细或稍弯皮刺。小叶 7~9，稀 11，连叶柄长 2~4 厘米，小叶片椭圆形、倒卵形或近圆形，边缘有单锯齿；小叶柄和叶轴无毛或有稀疏短柔毛、腺毛和小皮刺。花单生，苞片卵状披针形，先端尾尖，边缘有带腺锯齿；花瓣粉红色，倒卵形，先端微凹，基部楔形。果长圆形或近球形，橘红色，有光泽，果成熟时萼片同萼筒上部一同脱落。花期 5~6 月，果期 7~9 月。

太子山保护区有分布，生于海拔 2300~3000 米的山沟林下或灌丛中。

西北蔷薇

Rosa davidii

蔷薇科蔷薇属

灌木，高 1.5~3 厘米；小枝圆柱形，开展，细弱，无毛，刺直立或弯曲，通常扁而基部膨大。小叶 7~9，稀 11 或 5，连叶柄长 7~14 厘米；小叶片卵状长圆形或椭圆形，先端急尖，基部近圆形或宽楔形，边缘有尖锐单锯，上面深绿色，下面灰白色，小叶柄和叶轴有短柔毛，腺毛和稀疏小皮刺。花多朵，排成伞房状花序；有大形苞片；花瓣深粉色，宽倒卵形。果长椭圆形或长倒卵球形，深红色或橘红色。花期 6~7 月，果期 9 月。

太子山保护区有分布，生于海拔 2300~2600 米的山坡和杂木林或灌丛中。

扁刺蔷薇

Rosa sweginzowii

蔷薇科蔷薇属

灌木，高3~5米；小枝圆柱形，无毛或有稀疏短柔毛，有直立或稍弯曲，基部膨大而扁平皮刺，有时老枝常混有针刺。小叶7~11，连叶柄长6~11厘米；小叶片椭圆形至卵状长圆形，边缘有重锯齿。花单生，或2~3朵簇生；花梗长1.5~2厘米，有腺毛；花瓣粉红色，宽倒卵形，先端微凹，基部宽楔形。果长圆形或倒卵状长圆形，先端有短颈，紫红色，外面常有腺毛，萼片直立宿存。花期6~7月，果期8~11月。

太子山保护区有分布，生于海拔2200~3100米的山坡杂木林下。

钝叶蔷薇

Rosa sertata

蔷薇科蔷薇属

灌木；小枝细弱，散生皮刺。小叶7~11，广椭圆形至卵状椭圆形，边缘有尖锐单锯齿，近基部全缘。花单生或数朵聚生，粉红色或紫红色，直径2~3.5厘米；萼裂片卵状披针形，先端延长成叶状。蔷薇果卵形，顶端有短颈，深红色。

太子山保护区有分布，生于海拔2200~2800米的山坡灌丛中。

李

Prunus salicina

蔷薇科李属

落叶乔木，高 9~12 米；树冠广圆形，树皮灰褐色；老枝紫褐色或红褐色；小枝黄红色，无毛。叶片长圆倒卵形、长椭圆形，稀长圆卵形，边缘有圆钝重锯齿，上面深绿色，有光泽；叶柄长 1~2 厘米。花通常 3 朵并生；花瓣白色，长圆倒卵形。核果球形、卵球形或近圆锥形，黄色或红色，有时为绿色或紫色，梗凹陷入，顶端微尖，基部有纵沟，外被蜡粉。花期 4 月，果期 7~8 月。

太子山保护区有分布，生于海拔 2200~2600 米的山坡和杂木林中。

微毛樱桃

Cerasus clarofolia

蔷薇科樱属

灌木或小乔木。叶片卵形、卵状椭圆形或倒卵状椭圆形，先端渐尖或骤尖，边有单锯齿或重锯齿，两面疏被柔毛或无毛，侧脉 7~12 对。花序伞形，有花 2~4 朵；花梗长 1~2 厘米；萼筒钟状，无毛；花瓣白色或粉红色。核果红色，长椭圆形。

太子山保护区有分布，海拔 2300~2800 米。

刺毛樱桃

Cerasus setulosa

蔷薇科樱属

灌木或小乔木，高 1.5~5 米；树皮灰棕色。小枝灰白色或棕褐色，无毛。叶片卵形、倒卵形或卵状椭圆形，边有圆钝重锯齿。花序伞形，花叶同开；总苞褐色，匙形，边有腺体，内面被柔毛，早落；苞片 2~3 片，绿色，呈叶状，卵圆形；萼筒管状；花瓣倒卵形或近圆形，粉红色。核果红色，卵状椭球形，核表面略有棱纹。花期 4~6 月，果期 6~8 月。

太子山保护区有分布，生于海拔 2200~2600 米的山坡、山谷林中或灌丛中。

毛樱桃

Cerasus tomentosa

蔷薇科樱属

灌木。叶卵状椭圆形或倒卵状椭圆形，基部楔形，边缘有急尖或粗锐锯齿，上面被疏柔毛，下面密被灰色绒毛，侧脉 4~7 对。花单生或 2 朵簇生；花梗短或近无梗；萼筒管状或杯状；花瓣白色或粉红色。核果近球形，红色。

太子山保护区有分布，生于海拔 2200~2600 米的灌丛中。

稠李

Padus racemosa

蔷薇科稠李属

落叶小乔木或灌木；分枝较多；冬芽卵圆形，具有数枚覆瓦状排列鳞片。叶片在芽中呈对折状，单叶互生，具齿，稀全缘；叶柄通常在顶端有 2 个腺体或在叶片基部边缘上具 2 个腺体；托叶早落。花多数，成总状花序，基部有叶或无叶，生于当年生小枝顶端；萼筒钟状。核果卵球形，外面无纵沟。

太子山保护区有分布，生于海拔 2700 米的山谷杂木林下。

短梗稠李

Padus brachypoda

蔷薇科稠李属

落叶乔木，高 8~10 米，树皮黑色；多年生小枝黑褐色，无毛，有散生浅色皮孔。叶片长圆形，稀椭圆形，先端急尖或渐尖，基部圆形或微心形，叶边有贴生或开展锐锯齿，齿尖带短芒；叶柄长 1.5~2.3 厘米，无毛。总状花序具有多花；萼筒钟状；花瓣白色，倒卵形，基部楔形有短爪。核果球形，幼时紫红色，老时黑褐色，无毛；核光滑。花期 4~5 月，果期 5~10 月。

太子山保护区有分布，海拔 2200~2800 米。

锐齿臭樱

Maddenia incisoserrata

蔷薇科臭樱属

灌木。叶片卵状长圆形或长圆形，先端急尖或尾尖，边缘有缺刻状重锯齿，中脉和侧脉均明显突起；叶柄短。总状花序，花多数密集；总花梗和花梗密被棕褐色柔毛。核果卵球形，紫黑色；萼片宿存。

太子山保护区有分布，生于海拔 2300~3000 米的灌丛中。

华西臭樱

Maddenia wilsonii

蔷薇科臭樱属

小乔木或灌木；二年生以上的小枝紫褐色或褐色。叶片长圆形或长圆倒披形，先端急尖或长渐尖，基部近心形，叶边有缺刻状不整齐重锯齿。花多数成总状；花梗长约 2 毫米；两性花：雄蕊30~40；雌蕊 1，心皮无毛，花柱细长。核果卵球形，黑色，光滑；果梗短粗。花期 4~6 月，果期 6 月。

太子山保护区有分布，生于海拔 2200~3500 米的山坡、灌丛中或河边。

路边青

Geum aleppicum

蔷薇科路边青属

多年生草本。须根簇生。茎直立。基生叶为大头羽状复叶，通常有小叶 2~6 对，叶柄被粗硬毛，小叶大小极不相等，顶生小叶最大，菱状广卵形或宽扁圆形，边缘常浅裂，有不规则粗大锯齿，锯齿急尖或圆钝，两面绿色；花瓣黄色，几圆形，花柱顶生。瘦果被长硬毛。花果期 7~10 月。

太子山保护区有分布，生于海拔 2200~3000 米的山坡草地。

纤细山莓草

Sibbaldia tenuis

蔷薇科山莓草属

多年生草本；根纤细，多分枝。基生叶三出复叶，小叶椭圆形或倒卵形，顶端圆钝，稀近截形，边缘有缺刻状急尖锯齿，两面被伏生疏柔毛。伞房状聚伞花序多花；萼片卵状三角形，副萼片披针形；花瓣粉红色，狭窄，长圆形，顶端圆钝，与萼片近等长。

太子山保护区有分布，生于海拔 2300~3500 米的沟谷地带。

东方草莓
Fragaria orientalis
蔷薇科草莓属

多年生草本。茎被开展柔毛，上部较密，下部有时脱落。三出复叶，小叶几无柄，倒卵形或菱状卵形，顶端圆钝或急尖，边缘有缺刻状锯齿，花序聚伞状，花两性，稀单性；花瓣白色，几圆形，基部具短爪；聚合果半圆形，成熟后紫红色，瘦果卵形，表面脉纹明显或仅基部具皱纹。花果期5~9月。

太子山保护区有分布，生于海拔2200~3200米的林下。

五叶草莓
Fragaria pentaphylla
蔷薇科草莓属

多年生草本。羽状5小叶，质地较厚，小叶片倒卵形或椭圆形，长1~4厘米，宽0.6~3厘米，边缘具缺刻状锯齿；叶柄长2~8厘米，密被开展柔毛。花序聚伞状，有花1~4朵，花梗长1.5~2厘米；花瓣白色，近圆形，基部具短爪。聚合果卵球形，红色，宿存萼片显著反折；瘦果卵形。

太子山保护区有分布，生于海拔2300~3500米的山坡草地。

龙芽草

Agrimonia pilosa

蔷薇科龙芽草属

多年生草本。叶为间断奇数羽状复叶，常有 3~4 对小叶，杂有小型小叶；小叶倒卵形至倒卵状披针形，具锯齿。穗状总状花序，花瓣黄色，长圆形；雄蕊 5 至多枚，花柱 2。瘦果倒卵状圆锥形，顶端有数层钩刺。花果期 5~12 月。

太子山保护区有分布，常生于海拔 2300~3500 米的灌丛。

地榆

Sanguisorba officinalis

蔷薇科地榆属

多年生草本。茎直立，有棱。基生叶为羽状复叶，有小叶 4~6 对；小叶片有短柄，卵形或长圆状卵形，长 1~7 厘米，宽 0.5~3 厘米，边缘有多数粗大圆钝锯齿；茎生叶较少。穗状花序圆柱形，直立，通常长 1~4 厘米；萼片 4 枚，紫红色。果实包藏在宿存萼筒内。

太子山保护区有分布，生于海拔 2300~3000 米的山坡灌丛中。

鬼箭锦鸡儿

Caragana jubata

豆科锦鸡儿属

灌木，直立或伏地，基部多分枝。树皮深褐色、绿灰色或灰褐色。羽状复叶有 4~6 对小叶；托叶先端刚毛状，不硬化成针刺；小叶长圆形，先端圆或尖，具刺尖头，基部圆形，绿色，被长柔毛。花梗单生，花萼钟状管形，萼齿披针形，花冠玫瑰色、淡紫色、粉红色或近白色，荚果长约 3 厘米，宽 6~7 毫米，密被丝状长柔毛。花期 6~7 月，果期 8~9 月。

太子山保护区较少分布，生于海拔 2400~3000 米的山坡、林缘。

青甘锦鸡儿

Caragana tangutica

豆科锦鸡儿属

直立灌木；树皮绿褐色，老时片状脱落。叶轴全部硬化成针刺状；小叶 6，相距较远，倒披针形或长椭圆形，先端急尖，有软针尖，基部楔形，边缘密生长柔毛，下面绿白色，疏生长柔毛。花单生；花梗近基部有关节；花萼筒状，疏生长柔毛，基部偏斜，萼齿三角形，边缘密生长柔毛；花冠黄色。荚果扁，疏生长柔毛。

太子山保护区少有分布，生于海拔 2300~3200 米的灌丛中。

短叶锦鸡儿

Caragana brevifolia

豆科锦鸡儿属

　　丛生矮灌木；全株无毛。叶密集，小叶 4，较小，假掌状排列，披针形或倒卵状披针形，先端急尖，基部楔形。花单生于叶腋；花萼钟状，有白霜，萼齿三角形，锐尖；花冠黄色。荚果条形，稍膨胀，成熟后黑色。

　　太子山保护区少有分布，生于海拔 2300~3100 米的灌丛中。

密叶锦鸡儿

Caragana densa

豆科锦鸡儿属

　　灌木；树皮暗褐色、绿褐色或黄褐色，小枝常弯曲，有条棱。假掌状复叶有 4 片小叶；托叶在长枝者常硬化成针刺，宿存，在短枝者脱落；小叶倒披针形或线形，先端锐尖，有刺尖，基部狭楔形，宿存，短枝者叶柄较细，长 5~10 毫米，常脱落。花单生。荚果圆筒状，稍扁。花期 5~6 月，果期 7~8 月。

　　太子山保护区有较广分布，生于海拔 2300~2800 米的干旱山坡灌丛。

胡枝子

Lespedeza bicolor

豆科胡枝子属

　　灌木，多分枝。羽状复叶具3小叶；小叶卵形或卵状长圆形，先端钝圆或微凹，具短刺尖。总状花序腋生，常构成大型疏松的圆锥花序；总花梗长4~10厘米；花梗短；花冠红紫色。荚果斜倒卵形，稍扁，表面具网纹，密被短柔毛。

　　太子山保护区有分布，生于海拔2300~3500米的灌丛中。

多花胡枝子

Lespedeza floribunda

豆科胡枝子属

　　小灌木；分枝有白色柔毛。小叶3，倒卵形或倒卵状矩圆形，先端微凹，有短尖，基部宽楔形，下面有白色柔毛，侧生小叶较小；托叶条形。总状花序腋生；无瓣花簇生叶腋，无花梗；小苞片与萼筒贴生，卵形；花萼宽钟状，萼齿5，披针形，疏生白色柔毛；花冠紫色。荚果卵状菱形，有柔毛。

　　太子山保护区有分布，海拔2300~2800米。

黄耆

Astragalus membranaceus

豆科黄耆属

高大草本;茎有长柔毛。羽状复叶;小叶 13~27，卵状披针形或椭圆形，两面有白色长柔毛;叶轴有长柔毛;托叶狭披针形。总状花序腋生;花下有条形苞片;花萼筒状，萼齿短，有白色长柔毛;花冠白色。荚果膜质，膨胀，卵状矩圆形，有长柄。

太子山保护区广泛分布，生于海拔 2300~2700 米的灌木林中。

淡紫花黄耆

Astragalus membranaceus
f. *purpurinus*

豆科黄耆属

与黄耆的区别为:花淡紫红色。

太子山保护区有分布，生于海拔 2200~3000 米的灌木林中。

金翼黄耆
Astragalus chrysopterus
豆科黄耆属

多年生草本。根茎粗壮，直径可达 2 厘米，黄褐色。茎细弱，具条棱，多少被伏贴的柔毛。羽状复叶，托叶离生，狭披针形，总状花序腋生，苞片小，披针形，长 1~2 毫米，背面被白色柔毛；花萼钟状，荚果倒卵形，长约 9 毫米，宽约 4 毫米，先端有尖喙，无毛，有网纹，果颈远较荚果长。

太子山保护区较少分布，生于海拔 2300~2700 米的山坡杂木林下。

肾形子黄耆
Astragalus skythropos
豆科黄耆属

多年生草本。根纺锤形，暗褐色。地上茎短缩或不明显。羽状复叶丛生呈假莲座状，小叶宽卵形或长圆形，总状花序生多数花，下垂，偏向一边；花萼狭钟状，花冠红色至紫红色，旗瓣倒卵形，荚果披针状卵形，两端尖，密被白色和棕色长柔毛，果颈较萼筒稍长；种子 4~6 颗，肾形。

太子山保护区较少分布，生于海拔 2300~2800 米的灌木林中。

甘肃黄耆

Astragalus licentianus

豆科黄耆属

多年生草本。根直伸,暗褐色,颈部具数个细瘦的根状茎。地上茎短缩。羽状复叶基生,连同叶轴散生白色长柔毛;托叶离生,三角状披针形,总状花序生 8~18 花,稍密集,偏向一边;总花梗生于基部叶腋,与叶近等长或较长,具条棱,散生白色长柔毛,上部混有黑色柔毛;苞片长圆形或披针形,膜质,花冠青紫色,旗瓣倒卵形,荚果狭椭圆状长圆形。

太子山保护区有分布,生于海拔 2200~3500 米的灌丛中。

草木樨状黄耆

Astragalus melilotoides

豆科黄耆属

多年生草本;茎有疏柔毛。羽状复叶;小叶 3~7,矩圆形或条状矩圆形,先端截形,微凹,基部楔形,两面有短柔毛;托叶披针形。总状花序腋生,花多,疏生,小;萼钟状,萼齿 5,三角形,有黑色和白色短柔毛;花冠粉红色或白色。荚果小,近圆形。

太子山保护区有分布,生于海拔 2200~2900 米的灌木林中。

斜茎黄耆
Astragalus adsurgens
豆科黄耆属

多年生草本。羽状复叶具小叶 7~23，卵状椭圆形或椭圆形，先端钝，基部圆形，下面有白色丁字毛；叶轴和小叶柄疏生丁字毛；托叶三角形。总状花序腋生；花萼筒状，萼齿 5，有黑色丁字毛；花冠蓝色或紫红色。荚果圆筒形，有黑色丁字毛。

太子山保护区有分布，生于海拔 2300~3500 米的灌木林中。

地八角
Astragalus bhotanensis
豆科黄耆属

多年生草本。茎直立、匍匐或斜上，长达 1 米，疏被白色丁字毛或无毛。总状花序有多数花，花密集成头状；花序梗粗壮，短于叶，疏被白毛；苞片宽披针形；子房无柄。荚果圆柱形，多数聚生排成球形果序，无毛，成熟时黑或褐色，假 2 室；无柄。

太子山保护区广泛分布，生于海拔 2200~3100 米的林缘、溪流路旁。

黄花棘豆

Oxytropis ochrocephala

豆科棘豆属

多年生草本，高达50厘米；茎粗壮，直立，被白色短柔毛和黄色长柔毛。托叶草质，卵形，基部与叶柄合生，分离部分三角形，密被长柔毛；叶柄与小叶间有淡褐色腺点，密被黄色长柔毛；萼齿线状披针形，与萼筒等长，果期膨大呈囊状；花冠黄色，荚果革质，长圆形膨胀，顶端具弯曲的喙，密被黑色短柔毛，1室。

太子山保护区有分布，生于海拔2300~3200米的灌木林中。

黑萼棘豆

Oxytropis melanocalyx

豆科棘豆属

多年生草本，高10~15厘米，较幼的茎几成缩短茎，高75~100毫米；着花的茎多从基部伸出，细弱，散生，有羽状复叶4~6片，被白色及黑色短硬毛。3~10花组成腋生几伞形总状花序；总花梗在开花时长约5厘米，略短于叶，而后伸长至8~14厘米，细弱，下部被白色柔毛，上部被黑色和白色杂生的柔毛；苞片较花梗长，花萼钟状，基部有长瓣柄，基部具极细瓣柄，荚果纸质，宽长椭圆形，膨胀，下垂。

太子山保护区有分布，生于海拔2300~2800米的沟谷中。

黄毛棘豆

Oxytropis ochrantha

豆科棘豆属

多年生草本。主根木质化而坚韧。茎极缩短，多分枝，被丝状黄色长柔毛。多花组成密集圆筒形总状花序；花葶坚挺，圆柱状，与叶几等长，密被黄色长柔毛；苞片披针形，较花萼长，密被黄色长柔毛；子房密被黄色长柔毛，花柱无毛，无柄。荚果膜质，卵形，膨胀成囊状而略扁，先端渐狭成尖头。花期 6~7 月，果期 7~8 月。

太子山保护区广泛分布，生于海拔 2300~3000 米的灌丛中。

高山豆

Tibetia himalaica

豆科高山豆属

多年生草本；主根直下，圆锥状。分茎明显。羽状复叶，叶柄被稀疏长柔毛；托叶卵形，密被贴伏长柔毛，先端急尖。伞形花序具 1~4 花；花序梗与叶等长或较叶长，具稀疏长柔毛；苞片长三角形。花萼钟状，被长柔毛，上方 2 萼齿较大；花冠深蓝紫色，旗瓣卵状扁圆形，先端微缺或深缺。荚果圆筒形，有时稍扁。

太子山保护区广泛分布，生于海拔 2500~3700 米的山坡灌丛中。

红花岩黄耆

Hedysarum multijugum

豆科岩黄耆属

半灌木;茎有白色柔毛。羽状复叶;小叶 11~35,宽椭圆形,下面有白色短柔毛;托叶三角形,膜质。总状花序腋生,花疏生;花萼斜钟状,萼齿比萼筒短;花冠红色或紫红色。荚果扁平;荚节 2~3,近圆形,有肋纹和小刺,有白色柔毛。

太子山保护区有分布,生于海拔 2300~2800 米的河滩一带。

多序岩黄耆

Hedysarum polybotrys

豆科岩黄耆属

直立草本;茎多分枝,细瘦。羽状复叶;小叶 7~25 枚,卵状矩圆形至矩圆状披针形,先端圆或微缺,有小尖头,基部圆钝。总状花序腋生,有多数花;花梗丝状;萼斜钟状,最下面的一枚萼齿较其余的萼齿长一倍;花冠淡黄色。荚果有 3~5 个荚节,荚节椭圆形,边缘有狭翅,扁平,有短柔毛。

太子山保护区有分布,生于海拔 2300~2700 米的灌丛林缘一带。

广布野豌豆

Vicia cracca

豆科野豌豆属

多年生草本，高 40~150 厘米。根细长，多分支。茎攀缘或蔓生，有棱，被柔毛。偶数羽状复叶，叶轴顶端卷须有 2~3 分支；托叶半箭头形或戟形，上部 2 深裂；全缘；叶脉稀疏，呈三出脉状，不甚清晰。总状花序与叶轴近等长，花多数，10~40 密集一面向着生于总花序轴上部；花萼钟状，花冠紫色、蓝紫色或紫红色。

太子山保护区有分布，海拔 2300~2700 米。

山野豌豆

Vicia amoena

豆科野豌豆属

多年生草本，高 0.3~1 米，全株疏被柔毛，稀近无毛。茎具棱，多分枝，斜升或攀缘。总状花序通常长于叶；具 10~30 朵密生的花。花冠红紫、蓝紫或蓝色；花萼斜钟状，萼齿近三角形，上萼齿明显短于下萼齿；旗瓣倒卵圆形，长 1~1.6 厘米，瓣柄较宽，翼瓣与旗瓣近等长，瓣片斜倒卵形，龙骨瓣短于翼瓣；子房无毛，花柱上部四周被毛。种子 1~6，圆形，深褐色，具花斑。

太子山保护区有分布，生于海拔 2200~3500 米的灌木林中。

歪头菜

Vicia unijuga

豆科野豌豆属

多年生草本，高 0.4~1.8 米。茎常丛生，具棱，疏被柔毛，老时无毛。叶轴顶端具细刺尖，偶见卷须；托叶戟形或近披针形，边缘有不规则齿；总状花序单一，稀有分支呈复总状花序，明显长于叶，长 4.5~7 厘米，有 8~20 朵密集的花。花萼紫色，斜钟状或钟状，无毛或近无毛，龙骨瓣短于翼瓣；子房无毛，胚珠 2~8，具子房柄，花柱上部四周被毛。荚果扁，长圆形。

太子山保护区有分布，生于海拔 2300~3500 米的灌木林中。

救荒野豌豆

Vicia sativa

豆科野豌豆属

一或二年生草本。茎斜升或攀缘，单一或多分枝，具棱，被微柔毛。花冠紫红色或红色，旗瓣长倒卵圆形，先端圆，微凹，中部缢缩，翼瓣短于旗瓣胚珠 4~8，子房具柄短，花柱上部被淡黄白色髯毛。荚果线长圆形，长 4~6 厘米，宽 0.5~0.8 厘米，表皮土黄色，种间缢缩，有毛，成熟时背腹开裂，果瓣扭曲。种子 4~8，圆球形，棕色或黑褐色，种脐长相当于种子圆周 1/5。

太子山保护区较少分布，生于海拔 2300~3000 米的灌丛中。

牧地山黧豆

Lathyrus pratensis

豆科山黧豆属

多年生草本，高 0.3~1.2 米。茎斜升、平卧或攀缘，无翅。叶具 1 对小叶，叶轴末端的卷须单一或分枝；托叶箭形，基部两侧不对称，总状花序腋生，长于叶数倍，具 5~12 花。花萼钟状，被短柔毛，最下 1 萼齿长于萼筒；花冠黄色，瓣片近圆形，下部变窄为瓣柄。荚果线形，黑色，具网纹。种子近圆形，平滑，黄或棕色。

太子山保护区有分布，生于海拔 2200~3000 米的山坡林下或灌丛中。

草木犀

Melilotus officinalis

豆科草木犀属

二年生草本，高可达 2 米。茎直立，粗壮，多分枝，具纵棱，微被柔毛。羽状三出复叶；托叶镰状线形，中央有 1 条脉纹，全缘或基部有 1 尖齿；叶柄细长；总状花序，腋生，具花 30~70 朵；苞片刺毛状，花梗与苞片等长或稍长；萼钟形，花冠黄色，子房卵状披针形，花柱长于子房。荚果卵形。

太子山保护区有分布，生于海拔 2200~3100 米的灌木林中。

白花草木犀

Melilotus alba

豆科草木犀属

一、二年生草本；茎多分枝。羽状三出复叶，小叶长圆形或倒披针状长圆形，先端圆钝，基部楔形，边缘疏生浅锯齿，下面被细柔毛，侧脉 12~15 对，平行直达叶缘齿尖。总状花序腋生，具多花，排列疏松；苞片线形；萼钟形，萼齿三角状披针形；花冠白色；荚果椭圆形至长圆形，表面脉纹细，棕褐色，熟后黑褐色。

太子山保护区较少分布，生于海拔 2300~2800 米的灌丛中。

天蓝苜蓿

Medicago lupulina

豆科苜蓿属

一、二年生或多年生草本，高 15~60 厘米，全株被柔毛或有腺毛。主根浅，须根发达。茎平卧或上升，多分枝，叶茂盛。羽状三出复叶；花序小头状，具花 10~20 朵；总花梗细，挺直，比叶长，密被贴伏柔毛；花冠黄色，旗瓣近圆形，子房阔卵形，被毛，花柱弯曲，胚珠 1 粒。荚果肾形，种子卵形，褐色，平滑。

太子山保护区有分布，生于海拔 2200~3000 米的灌木林中。

青海苜蓿

Medicago archiducis-nicolai

豆科苜蓿属

一年生或多年生草本。叶具3小叶；小叶宽倒卵形、矩圆形或近圆形，先端圆或微凹，边缘具不整齐尖齿，下面有疏柔毛；叶柄纤细；托叶戟形。总状花序具3~5朵花，腋生；花萼宽钟形，萼齿三角形，有柔毛；花冠橙黄色，中央带紫红色晕纹。荚果矩镰形，扁平，先端具喙。

太子山保护区有分布，生于海拔2500~3800米的高原坡地。

花苜蓿

Medicago ruthenica

豆科苜蓿属

多年生草本。羽状三出复叶；小叶长圆状倒披针形至卵状长圆形，先端截平，钝圆或微凹，中央具细尖，边缘上部具不整齐尖锯齿。花序伞形，具花4~15朵；总花梗腋生，通常比叶长；萼钟形，被柔毛，萼齿披针状锥尖；花冠黄褐色，中央深红色至紫色条纹。荚果长圆形或卵状长圆形，扁平，先端具短喙，基部狭尖并稍弯曲，具短颈，熟后变黑。

太子山保护区有分布，生于海拔2200~3500米的灌丛中。

高山野决明

Thermopsis alpina

豆科野决明属

多年生草本；茎疏被长柔毛。托叶 2，基部连合；小叶 3，长椭圆形或长椭圆状倒卵形，先端急尖或钝，基部圆楔形，两面有长柔毛，下面毛较密。总状花序顶生；苞片每 3 个轮生，基部连合，密生长柔毛；花少数，轮生；萼筒状，密生长柔毛；花冠黄色。荚果长椭圆形，扁平，微作镰形弯曲或直。

太子山保护区有分布，生于海拔 2300~3300 米的灌丛中。

披针叶野决明

Thermopsis lanceolata

豆科野决明属

多年生草本；茎密生平伏长柔毛。托叶 2，基部连合；小叶 3，矩圆状倒卵形至倒披针形，先端急尖，基部楔形，下面密生平伏短柔毛。总状花序顶生；苞片 3 个轮生，基部连合；花轮生；萼筒状，密生平伏短柔毛；花冠黄色。荚果条形，密生短柔毛，扁。

太子山保护区较少分布，生于海拔 2300~3000 米的林中。

熏倒牛

Biebersteinia heterostemon

牻牛儿苗科熏倒牛属

一年生草本;全体有棕褐色密腺毛和白色短柔毛。叶互生,矩圆状倒披针形,向基部渐变狭,三回羽状分裂;小裂片条状披针形,尖头,两面有疏微柔毛;叶柄长达10厘米,有腺毛和短柔毛。圆锥花序生于茎顶端;花多数;萼片卵形,短渐尖;花瓣淡黄色,倒卵形,略短于萼片,顶端波状。蒴果肾形,不开裂。

太子山保护区有分布,生于海拔2300~3200米的山坡。

尼泊尔老鹳草

Geranium nepalense

牻牛儿苗科老鹳草属

多年生草本。茎多数,细弱,多分枝,仰卧,被倒生柔毛。叶对生或偶为互生;叶片五角状肾形,茎部心形,掌状5深裂,裂片菱形或菱状卵形,中部以上边缘齿状浅裂或缺刻状,表面被疏伏毛,背面被疏柔毛,沿脉被毛较密;上部叶具短柄,叶片较小,通常3裂。总花梗腋生,长于叶,被倒向柔毛,每梗2花,少有1花;花瓣紫红色或淡紫红色。蒴果长15~17毫米。花期4~9月,果期5~10月。

太子山保护区有分布,生于海拔2300~3000米的林缘、灌丛、荒山草坡。

毛蕊老鹳草

Geranium platyanthum

牻牛儿苗科老鹳草属

　　多年生草本。茎直立，单一，分枝或不分枝。叶基生和茎上互生，五角状肾圆形，掌状5裂。花序通常为伞形聚伞花序，顶生或有时腋生，长于叶，总花梗具2~4花；花瓣淡紫红色，宽倒卵形或近圆形，经常向上反折，具深紫色脉纹，先端呈浅波状。蒴果长约3厘米，被开展的短糙毛和腺毛。花期6~7月，果期8~9月。

　　太子山保护区有分布，生于海拔2300~3500米的林下、灌丛。

甘青老鹳草

Geranium pylzowianum

牻牛儿苗科老鹳草属

　　多年生细弱草本。叶互生，肾状圆形，5深裂达基部；裂片从顶部又一至二次分裂，小裂片短条形，全缘，尖头；叶具长柄。花序腋生，有细长柄，顶生2花或4花；花瓣紫红色，倒卵状圆形，顶端平截。蒴果长2厘米，有微毛。

　　太子山保护区有分布，生于海拔2500~4300米的草地、高山草甸。

白鲜

Dictamnus dasycarpus

芸香科白鲜属

多年生宿根草本，高 40~100 厘米。茎直立，幼嫩部分密被长毛及水泡状凸起的油点。小叶 9~13 片，无柄，位于顶端的一片具长柄，椭圆至长圆形，长 3~12 厘米，宽 1~5 厘米，生于叶轴上部的较大，叶缘有细锯齿。总状花序长可达 30 厘米；花梗长 1~1.5 厘米；花瓣白带淡紫红色或粉红带深紫红色脉纹，倒披针形，长 2~2.5 厘米，宽 5~8 毫米。成熟的果沿腹缝线开裂为 5 个分果瓣。

太子山保护区有分布，生于海拔 2500~3000 米灌木丛中、草地、疏林下。

西伯利亚远志

Polygala sibirica

远志科远志属

多年生草本。叶椭圆形至矩圆状披针形。花序腋外生，最上一个假顶生，通常高出茎的顶端，具稍稀疏的花；花蓝紫色；萼片宿存，外轮 3 片小，内轮 2 片花瓣状；花瓣 3，中间龙骨瓣背面顶部有撕裂成条的鸡冠状附属物。蒴果近倒心形，周围具窄翅而疏生短睫毛。

太子山保护区有分布，生于海拔 2300~3300 米的灌丛、林缘、草地。

远志

Polygala tenuifolia

远志科远志属

多年生草本。单叶互生，叶纸质，线形至线状披针形，长1~3厘米，宽1.5~3毫米，全缘，反卷；近无柄。总状花序呈偏侧状生于小枝顶端，细弱，花稀疏；萼片5，外面3枚线状披针形，里面2枚花瓣状，倒卵形或长圆形；花瓣3，紫色，侧瓣斜长圆形，基部与龙骨瓣合生，龙骨瓣较侧瓣长，具流苏状附属物。蒴果圆形，无缘毛。

太子山保护区有分布，生于海拔2300米左右的草地、灌丛中。

泽漆

Euphorbia helioscopia

大戟科大戟属

一或二年生草本；茎基部紫红色，分枝多而斜升。叶互生，倒卵形或匙形，先端钝圆或微凹缺，基部宽楔形，边缘在中部以上有细锯齿；茎顶端具5片轮生叶状苞。多歧聚伞花序顶生，有5伞梗，每伞梗又生出3小伞梗，每小伞梗又第三回分为2叉；杯状花序钟形，总苞顶端4浅裂；腺体4，肾形。蒴果三棱状阔卵形，光滑。

太子山保护区有分布，生于海拔2300~2500米的山间、路旁、山坡。

甘青大戟

Euphorbia micractina

大戟科大戟属

多年生草本;茎自基部 3~4 分枝。叶互生,长椭圆形至卵状长椭圆形。总苞叶 5~8 枚,与茎生叶同形;伞幅 5~8;苞叶常 3 枚,卵圆形,基部渐狭。花序单生于二歧分枝顶端,基部近无柄;总苞杯状,边缘 4 裂,裂片三角形或近舌状三角形;雄花多枚,伸出总苞;雌花 1 枚,明显伸出总苞之外。蒴果球状,果脊上被稀疏的刺状或瘤状突起;花柱宿存。

太子山保护区有分布,生于海拔 2300~2700 米的林缘、山坡。

石枣子

Euonymus sanguineus

卫矛科卫矛属

灌木,高达 8 米。单叶对生,厚纸质,卵形、卵状椭圆形至矩圆形,长 4~9 厘米,宽 2.5~4.5 厘米,先端短渐尖或渐尖,基部阔楔形或近圆形,缘具细密锯齿;叶柄长 5~10 毫米。聚伞花序梗长 4~6 厘米,顶端有 3~5 细长分枝;花白绿色,4 数。蒴果扁球状,直径约 1 厘米,4 翅略呈三角形,长 4~6 毫米,先端略窄而钝,或呈半圆形。

太子山保护区有分布,生于海拔 2200~2500 米的山谷、河边、山坡杂木林中。

矮卫矛

Euonymus nanus

卫矛科卫矛属

　　小灌木，直立或匍匐；枝条细长，绿色，具多数纵棱。叶互生或三叶轮生，偶有对生，线形或线状披针形，边缘具稀疏短刺齿，常反卷，侧脉不明显。聚伞花序 1~3 花；花序梗和小花梗细长丝状，紫棕色；花紫绿色，4 数。蒴果扁圆，4 浅裂，长约 7 毫米，直径约 9 毫米；种子稍扁球状，种皮棕色，假种皮橙红色。

　　太子山保护区有分布，生于海拔 2200~2300 米的山坡林下。

中亚卫矛

Euonymus semenovii

卫矛科卫矛属

　　小灌木，茎枝常具 4 棱栓翅，小枝具 4 窄棱。叶窄卵形、窄倒卵形或长方披针形，先端急尖，基部楔形或近圆形，边缘有细密浅锯齿，聚伞花序多为一次分枝，苞片与小苞片披针形，多脱落；花深紫色，偶带绿色，萼片近圆形；花瓣卵圆形；雄蕊着生花盘四角的突起上，无花丝；蒴果紫色，扁圆倒锥状或近球状，顶端 4 浅裂，果序梗及小果梗均细长；种子黑紫色，橙色假种皮包围种子基部，可达中部。

　　太子山保护区有分布，生于海拔 2300~3000 米的灌木林中。

栓翅卫矛

Euonymus phellomanus

卫矛科卫矛属

灌木，高 3~4 米；枝条硬直，常具 4 纵列木栓厚翅，在老枝上宽可达 5~6 毫米。叶长椭圆形或略呈椭圆倒披针形，边缘具细密锯齿；叶柄长 8~15 毫米。聚伞花序 2~3 次分枝，有花 7~15 朵；花白绿色；花柱短，柱头圆钝不膨大。蒴果 4 棱，倒圆心状，长 7~9 毫米，直径约 1 厘米，粉红色；种子椭圆状，种脐、种皮棕色，假种皮橘红色，包被种子全部。花期 7 月，果期 9~10 月。

太子山保护区广泛分布，生于海拔 2200~3500 米的山坡、灌丛中。

小卫矛

Euonymus nanoides

卫矛科卫矛属

小灌木，高 0.5~2 米；老枝常具栓翅。单叶对生，椭圆披针形、线状披针形至窄长椭圆形，长 1~2 厘米，宽 2~8 毫米，叶背近脉处常具疏生短粗毛或乳突毛；叶柄极短。聚伞花序有花 1~2 朵，花序梗、小花梗通常均极短；花黄绿色，4 数。蒴果，近圆球状，上部 1~4 浅裂；种子紫褐色，假种皮橙色，全包种子。

太子山保护区有分布，生于海拔 2200~2600 米的干旱山坡灌丛或土崖上。

卫矛

Euonymus alatus

卫矛科卫矛属

灌木，高1~3米；小枝常具2~4列宽阔木栓翅。单叶对生，卵状椭圆形、窄长椭圆形至倒卵形，长2~8厘米，宽1~3厘米，边缘具细锯齿，无毛；叶柄长1~3毫米。聚伞花序1~3花；花序梗长约1厘米；花白绿色，4数；花丝极短。蒴果1~4深裂，长7~8毫米；种子褐色或浅棕色，假种皮橙红色，全包种子。

太子山保护区有分布，生于海拔2300~3300米的山坡杂木林中。

疣点卫矛

Euonymus verrucosoides

卫矛科卫矛属

落叶灌木，高2~3米，全株无毛。单叶对生，常厚纸质，倒卵形、长卵状椭圆形至阔披针形，长3~7厘米，宽2~3厘米，缘具疏浅细齿，先端渐尖或急尖，基部钝圆或渐窄；叶柄短。聚伞花序具2~5花；花序梗长1~3厘米；花紫红色或淡绿紫色，4数。蒴果1~4全裂，裂瓣平展，紫褐色；假种皮半包种子，一侧开裂。

太子山保护区有分布，生于海拔2300~2900米的山坡沟谷中。

冷地卫矛

Euonymus frigidus

卫矛科卫矛属

灌木，叶纸质，卵形，长卵形或阔椭圆形，先端渐尖至长渐尖，基部阔楔形或近圆形，边缘具细密小锯齿，齿尖常稍内曲；叶柄长 3~7 毫米。聚伞花序具细长花序梗，花 4 数，深紫色。花瓣长方椭圆形或窄卵形，花盘扁方，微 4 裂。蒴果近球状，直径约 1 厘米，4 翅窄长，先端常稍窄并稍向上内曲。

太子山保护区有分布，生于海拔 2300~3000 米的山间林中。

青榨槭

Acer davidii

卫矛科卫矛属

落叶乔木，高 10~15 米；树皮常纵裂成蛇皮状。当年生嫩枝紫绿色或绿褐色。单叶对生，卵形或长卵形，长 6~14 厘米，宽 4~9 厘米，先端锐尖或渐尖，有尖尾，基部近于心脏形或圆形，边缘具不整齐的钝圆齿。总状花序下垂；花黄绿色，5 数。翅果黄褐色，果翅张开成钝角或近水平。

太子山保护区有分布，生于海拔 2200~3500 米的疏林中。

五尖槭

Acer maximowiczii

槭树科槭属

　　落叶乔木，树皮黑褐色，平滑。当年生枝紫色或红紫色；多年生枝深褐色或灰褐色。叶纸质，卵形或三角卵形，边缘微裂并有紧贴的双重锯齿，锯齿粗壮，齿端有小尖头，基部近于心脏形，稀截形，叶片 5 裂。花黄绿色，单性，雌雄异株。翅果紫色，成熟后黄褐色；小坚果稍扁平，张开成钝角。

　　太子山保护区紫沟保护站、东湾保护站辖区较少分布，生于海拔 2300~3900 米的灌木林中。

桦叶四蕊槭

Acer tetramerum

var. *betulifolium*

槭树科槭属

　　落叶乔木。小枝细瘦，无毛及皮孔，紫色或紫绿色。叶纸质，卵形或长圆卵形，基部圆形或近于截形，先端锐尖至渐尖，具尖尾，边缘有大小不等的锐尖锯齿。花黄绿色，单性，雌雄异株，成无毛而细瘦的总状花序；花瓣 4，长圆椭圆形。翅果嫩时紫色，成熟时黄褐色；小坚果长卵圆形，有显著的脉纹。花期 4 月下旬至 5 月上旬，果期 9 月。

　　太子山保护区广泛分布，生于海拔 2300~3900 米的山坡林边、疏林中。

齿瓣凤仙花

Impatiens odontopetala

凤仙花科凤仙花属

一年生草本。茎直立，细弱，无毛。叶互生，具短柄或上部叶无柄，叶片膜质，长圆形或卵状长圆形，顶端钝或短尖，基部圆形或近心形，边缘具浅圆齿，齿端无小尖，或稀近全缘，上面绿色，下面灰绿色，或有时变紫色。花丝线形，花药尖。子房纺锤状，直立。蒴果线形，顶端喙尖。花期8~9月，果期10月。

太子山保护区有分布，生于海拔2300米左右的林下。

西固凤仙花

Impatiens notolophora

凤仙花科凤仙花属

一年生细弱草本，全株无毛。茎直立。叶互生，具细长柄，中部叶有时近对生，薄膜质，宽卵形或卵状椭圆形，稀近圆形，顶端钝或近圆形，基部宽楔形，边缘具粗圆齿；基部圆形或心形。花丝短，线形，花药2室；子房纺锤形。蒴果狭纺锤形；种子多数，椭圆形，褐色，光滑。花期7~8月，果期8~9月。

太子山保护区有分布，生于海拔2200~3600米的山坡林下阴湿处。

小叶鼠李

Rhamnus parvifolia

鼠李科鼠李属

灌木；小枝对生或近对生，紫褐色，初时被短柔毛，平滑，枝端及分叉处有针刺；芽卵形，黄褐色。叶纸质，对生或近对生，或在短枝上簇生，菱状倒卵形或菱状椭圆形，边缘具圆齿状细锯齿。花单性，雌雄异株，黄绿色，有花瓣，通常数个簇生于短枝上。核果倒卵状球形，成熟时黑色，具2分核。花期4~5月，果期6~9月。

太子山保护区有零星分布，生于海拔2200~2300米的向阳山坡、草丛或灌丛中。

甘青鼠李

Rhamnus tangutica

鼠李科鼠李属

灌木，稀乔木；小枝红褐色或黑褐色，平滑有光泽，对生或近对生，枝端和分叉处有针刺；短枝较长，幼枝绿色，无毛或近无毛。叶纸质或厚纸质，对生或近对生，或在短枝上簇生，椭圆形、倒卵状椭圆形或倒卵形，顶端短渐尖或锐尖，稀近圆形，基部楔形，边缘具钝或细圆齿。花单性，雌雄异株。核果倒卵状球形，成熟时黑色。花期5~6月，果期6~9月。

太子山保护区甲滩、新营保护站有分布，生于海拔2200~2600米的山坡、沟谷杂木林或灌木丛中。

冻绿

Rhamnus utilis

鼠李科鼠李属

灌木或小乔木，高达 4 米。叶纸质，对生或近对生，或在短枝上簇生，椭圆形、矩圆形或倒卵状椭圆形，顶端突尖或锐尖，基部楔形或稀圆形，边缘具细锯齿或圆齿状锯齿。花单性，雌雄异株，具花瓣。核果圆球形或近球形，成熟时黑色，具 2 分核；种子背侧基部有短沟。花期 4~6 月，果期 5~8 月。

太子山保护区东湾保护站较少分布，生于海拔 2200~3500 米的山坡灌木林中。

华椴

Tilia chinensis

椴树科椴属

乔木；嫩枝无毛，顶芽倒卵形，无毛。叶阔卵形，先端急短尖，基部斜心形或近截形，边缘密具细锯齿；叶柄长 3~5 厘米。聚伞花序长 4~7 厘米，有花 3 朵，花序柄有毛，下半部与苞片合生，苞片窄长圆形。果实椭圆形，两端略尖，有 5 条棱突，被黄褐色星状茸毛。花期夏初。

太子山保护区广泛分布，生于海拔 2200~2800 米的混交林里。

猕猴桃藤山柳

Clematoclethra actinidioides

猕猴桃科藤山柳属

木质藤本。老枝灰褐色或紫褐色，无毛；小枝无毛或薄被微柔毛。单叶互生，卵形或椭圆形，基部阔楔形至微心形，叶缘有纤毛状小齿。花序具1~3花，白色，花柄具微柔毛，小苞片披针形。蒴果浆果状，熟时紫红色或黑色。花期5~6月，果期7~8月。

太子山保护区有分布，生于海拔2500~2800米的杂木林中。

四萼猕猴桃

Actinidia tetramera

猕猴桃科猕猴桃属

中型落叶藤本；着花小枝长3~8厘米，红褐色，无毛，皮孔显著，髓褐色，片层状。叶薄纸质，长方卵形、长方椭圆形或椭圆披针形，边缘有细锯齿；叶柄水红色。花白色，渲染淡红色，通常1花单生；花瓣4片，少数5片，瓢状倒卵形；花丝丝状，基部膨大如棒头，花药黄色，长圆形，花柱细长。果熟时橘黄色，卵珠状。花期5月中旬至6月中旬，果熟期9月中旬开始。

太子山保护区新营保护站有零星分布，生于海拔2200~2500米的沟谷杂木林内。

黄海棠

Hypericum ascyron

藤黄科金丝桃属

多年生草本。茎直立或在基部上升，单一或数茎丛生，不分枝或上部具分枝，叶无柄，叶片披针形、长圆状披针形，或长圆状卵形至椭圆形，或狭长圆形，先端渐尖、锐尖或钝形，基部楔形或心形而抱茎，全缘。花瓣金黄色，倒披针形。蒴果为或宽或狭的卵珠形或卵珠状三角形；种子棕色或黄褐色，圆柱形。

太子山保护区有分布，生于海拔 2300~2800 米的山坡林下、林缘、草丛。

突脉金丝桃

Hypericum przewalskii

藤黄科金丝桃属

多年生草本。茎最下部叶倒卵形，上部叶卵形或卵状椭圆形，先端钝，常微缺，基部心形抱茎，叶下面白绿色，疏被淡色腺点，侧脉约 4 对。聚伞花序顶生；萼片长圆形，边缘波状，无腺点；花瓣长圆形，微弯曲，宿存。蒴果卵球形，具纵纹。

太子山保护区零星分布，生于海拔 2700~3400 米的山坡、灌丛中。

具鳞水柏枝

Myricaria squamosa

柽柳科水柏枝属

　　落叶灌木，稀为半灌木，直立或匍匐。单叶互生，无柄，通常密集排列于当年生绿色幼枝上，全缘，无托叶。花两性，集成顶生或侧生的总状花序或圆锥花序；花瓣5，倒卵形、长椭圆形或倒卵状长圆形，粉红色、粉白色或淡紫红色，通常在果时宿存。蒴果1室，3瓣裂。

　　太子山保护区各沟系零星分布，生于海拔2200~4000米的河滩、山谷半阴处。

三春水柏枝

Myricaria paniculata

柽柳科水柏枝属

　　灌木，高1~3米；老枝深棕色、红褐色或灰褐色，具条纹，当年生枝灰绿色或红褐色。叶披针形、卵状披针形或长圆形；叶腋常生绿色小枝，枝上着生稠密的小叶。有两种花序，一年开两次花。花瓣倒卵形、卵状披针形或狭椭圆形，先端圆钝、常内曲，淡紫红色。蒴果狭圆锥形。大型圆锥花序生于当年生枝的顶端，花序未开放时较密集，开花后疏散；苞片卵状披针形或狭卵形。花期3~9月，果期5~10月。

　　太子山保护区药水保护站药水峡、新营保护站大湾滩、紫沟保护站紫沟峡有分布，生于海拔2200~2800米的山地河谷、河床沙地杂木林中。

鳞茎堇菜

Viola bulbosa

堇菜科堇菜属

多年生低矮草本；根状茎下部具一小鳞茎。叶簇集茎端；叶片长圆状卵形或近圆形，基部楔形或浅心形，边缘具明显的波状圆齿；叶柄具狭翅，通常较叶片短或近等长；托叶狭，大部分与叶柄合生。花小，白色；花梗自地上茎叶腋抽出，通常稍高于叶或与叶近等高；萼片卵形或长圆形，基部附属物短而圆；花瓣倒卵形，下方花瓣有紫堇色条纹，先端有微缺；距短而粗，呈囊状，末端钝。

太子山保护区有分布，生于海拔 2200~3800 米的山坡、林缘。

双花堇菜

Viola biflora

堇菜科堇菜属

多年生草本；地上茎细弱，高10~25 厘米。基生叶 2 至数枚，具长柄；叶片肾形、宽卵形或近圆形，基部深心形或心形，边缘具钝齿；茎生叶具短柄，叶片较小；托叶与叶柄离生，卵形或卵状披针形。花黄色，有时在开花末期变淡白色；花梗细弱；萼片线状披针形或披针形，基部附属物极短；花瓣长圆状倒卵形，具紫色脉纹；距短筒状。蒴果长圆状卵形。

太子山保护区有分布，生于海拔 2500~4000 米的高山草甸、灌丛、林缘。

华瑞香

Daphne rosmarinifolia

瑞香科瑞香属

常绿灌木。叶小,互生,纸质,线状长圆形,长 10~18 毫米,宽 2~4 毫米,边缘全缘,反卷;叶柄长约 1 毫米。花黄色,数花簇生于小枝顶端。浆果卵形,长 5 毫米,直径 2.5 毫米。

太子山保护区药水保护站菜子沟有分布,生于海拔 2500~3000 米的石砾阴湿地。

黄瑞香

Daphne giraldii

瑞香科瑞香属

落叶直立灌木,枝圆柱形,幼时橙黄色,有时上段紫褐色,老时灰褐色,叶迹明显。叶互生,常密生于小枝上部,倒披针形,先端钝形或微突尖,基部狭楔形,边缘全缘,上面绿色,下面带白霜,干燥后灰绿色。花黄色,微芳香,头状花序;果实卵形或近圆形,成熟时红色。

太子山保护区各沟系零星分布,生于海拔 2200~2700 米的山坡林边、疏林中或杂灌丛内。

唐古特瑞香

Daphne tangutica

瑞香科瑞香属

常绿灌木，不规则多分枝；枝肉质，较粗壮，幼枝灰黄色，分枝短，较密，几无毛或散生黄褐色粗柔毛，老枝淡灰色或灰黄色，微具光泽，叶迹较小。叶互生，革质或亚革质，披针形至长圆状披针形或倒披针形，先端钝形，上面深绿色，下面淡绿色，干燥后茶褐色。花外面紫色或紫红色，内面白色，头状花序生于小枝顶端。果实卵形或近球形，无毛，幼时绿色，成熟时红色，干燥后紫黑色；种子卵形。

太子山保护区药水保护站母山、新营保护站锯齿山有分布，生于海拔 2200~3000 米的山坡、山梁和山谷林下和灌丛中。

狼毒

Stellera chamaejasme

瑞香科狼毒属

多年生草本；茎直立，丛生。叶散生，稀对生或近轮生，薄纸质，披针形或长圆状披针形，先端渐尖或急尖，基部圆形至钝形或楔形，全缘。花白色、黄色至带紫色，多花的头状花序顶生，圆球形；花萼筒细瘦，具明显纵脉，裂片 5，卵状长圆形，顶端圆形，常具紫红色网状脉纹。果实圆锥形，为宿存花萼筒所包围。

太子山保护区广泛分布，生于海拔 2300~3800 米的山坡或灌丛中。

牛奶子

Elaeagnus umbellate

胡颓子科胡颓子属

　　落叶直立灌木。叶纸质或膜质，椭圆形至卵状椭圆形或倒卵状披针形，边缘全缘或皱卷至波状。花较叶先开放，黄白色，芳香，单生或成对生于幼叶腋。果实几球形或卵圆形，幼时绿色，被银白色或有时全被褐色鳞片，成熟时红色。花期4~5月，果期7~8月。

　　太子山保护区广泛分布，生于海拔2200~2800米的向阳山坡、沟谷杂木林中、河边沙地或灌丛中。

西藏沙棘

Hippophae thibetana

胡颓子科沙棘属

　　矮小灌木；老枝先端硬化成棘刺。单叶，3叶轮生或对生，稀互生，线形或矩圆状线形，全缘，上面幼时疏生白色鳞片，成熟后脱落，下面密被银白色鳞片。雄花黄绿色，花萼2裂；雌花淡绿色，花萼囊状，顶端2齿裂。瘦果浆果状，熟时黄褐色，多汁，阔椭圆形或近圆形，顶端具6条放射状黑色条纹；果梗纤细。

　　太子山保护区广泛分布，生于海拔2800~4000米高山草地、河漫滩或阶地。

中国沙棘

Hippophae rhamnoides
subsp. *sinensis*

胡颓子科沙棘属

　　落叶灌木或乔木，棘刺较多，粗壮，顶生或侧生；嫩枝褐绿色，密被银白色而带褐色鳞片或有时具白色星状柔毛，老枝灰黑色，粗糙。单叶通常近对生，纸质，狭披针形或矩圆状披针形；叶柄极短。果实圆球形，橙黄色或橘红色；种子小，黑色或紫黑色，具光泽。花期 4~5 月，果期 9~10 月。

　　太子山保护区广泛分布，生于海拔 2200~3200 米向阳山坡、沟谷、河漫滩地。

柳兰

Epilobium angustifolium

柳叶菜科柳叶菜属

　　多年生粗壮草本，直立，丛生。花序总状，无毛；苞片下部叶状，上部三角状披针形；子房淡红色或紫红色，被贴生灰白色柔毛；萼片紫红色，长圆状披针形；花药长圆形，初期红色，开裂时变紫红色。种子狭倒卵状，褐色。花期 6~9 月，果期 8~10 月。

　　太子山保护区广泛分布，生于海拔 2300~3100 米的灌丛。

毛脉柳叶菜

Epilobium amurense

柳叶菜科柳叶菜属

多年生直立草本。叶对生，花序上的互生，近无柄或茎下部的有很短的柄，卵形，有时长圆状披针形，先端锐尖，有时近渐尖或钝形，基部圆形或宽楔形，花序直立，常被曲柔毛与腺毛。花在芽时近直立；花蕾椭圆状卵形，常疏被曲柔毛与腺毛。花期7~8月，果期8~10月。

太子山保护区有分布，生于海拔2300~3000米的草地、林缘处。

红毛五加

Acanthopanax giraldii

五加科五加属

灌木，枝灰色，小枝灰棕色，无毛或稍有毛，密生直刺，稀无刺；刺下向，细长针状。叶有小叶5，稀3；叶柄长3~7厘米，无毛，稀有细刺；小叶片薄纸质，倒卵状长圆形，稀卵形，先端尖或短渐尖，基部狭楔形，两面均无毛，边缘有不整齐细重锯齿。伞形花序单个。

太子山保护区药水保护站、东湾保护站较少分布，生于海拔2300~2700米的山谷灌丛中。

毛叶红毛五加

Acanthopanax giraldii
var. *pilosulus*

五加科五加属

与红毛五加的区别：小叶片狭披针形至倒披针形，边缘为单锯齿，或小叶片为菱状披针形，边缘为细重锯齿，上面有糙毛，下面疏生或密生长柔毛。

太子山保护区较少分布，生于海拔 2300~2800 米的灌木林中。

短柄五加

Acanthopanax brachypus

五加科五加属

灌木，高 1~2 米。小叶 3~5，纸质，倒卵形至倒卵状长圆形，长 3~6 厘米，宽 1~2.5 厘米，先端圆形或短尖，基部狭尖，边缘全缘。伞形花序单生或 2~4 个组成顶生短圆锥花序，直径 1~1.5 厘米；总花梗长 1~2 厘米，花后延长；苞片卵形，紫色，长约 1 毫米；花梗长 1~1.5 厘米；花淡绿色；花瓣 5，卵形，长约 2 毫米，开花时反曲。果实近球形，有 5 深棱，长约 5 毫米，宿存花柱长约 2 毫米。

太子山保护区有分布，生于海拔 2200~2800 米的灌木林中。

矮五加

Acanthopanax humillimus

五加科五加属

矮小灌木，高 5~15 厘米；枝密生针刺。叶近对生；叶柄长 4~8 厘米；小叶 5，稀 3，倒卵形或椭圆状菱形，长 3.5~6 厘米，宽 1.8~2.5 厘米，边缘具重锯齿。伞形花序单生枝顶，直径 1.5~2 厘米；花瓣淡白色。果实近球形，黑色。

太子山保护区有分布，生于海拔 2200~2800 米的山坡杂木林中。

楤木

Aralia chinensis

五加科楤木属

灌木或乔木，树皮灰色，疏生粗壮直刺；小枝通常淡灰棕色，有黄棕色绒毛，疏生细刺。叶为二回或三回羽状复叶，纸质，耳郭形，羽片有小叶 5~11，稀 13，基部有小叶 1 对；小叶片纸质至薄革质，卵形、阔卵形或长卵形，先端渐尖或短渐尖，基部圆形，边缘有锯齿，圆锥花序大，花白色，芳香；花瓣 5，卵状三角形，果实球形，黑色。

太子山保护区广泛分布，生于海拔 2300~3700 米的山坡杂木林或灌丛中。

直刺变豆菜

Sanicula orthacantha

伞形科变豆菜属

多年生草本，高 8~50 厘米。根茎短而粗壮，斜生，直径 0.5~1 厘米，侧根多数，细长。茎 1~6，直立，上部分枝。基生叶少至多数，圆心形或心状五角形，掌状 3 全裂，中间裂片楔状倒卵形或菱状楔形。伞形花序 3~8；花瓣白色、淡蓝色或紫红色，倒卵形。

太子山保护区有分布，生于海拔 2300~3200 米的路旁、水边。

大东俄芹

Tongoloa elata

伞形科东俄芹属

植株高 20~75 厘米。根圆锥形。茎 1~2，直立，圆柱形，有条纹，上部分枝疏生，表面有时略带淡紫红色。基生叶常早落；较下部的茎生叶有柄。复伞形花序顶生或侧生，顶生的花序梗较粗壮；花瓣通常白色，有时稍带红色，倒卵圆形以至长倒卵圆形。

太子山保护区有分布，生于海拔 2300~4300 米的山沟、河边草地。

青海棱子芹

Pleurospermum szechenyii

伞形科棱子芹属

　　多年生草本，高 15~40 厘米。根直伸，圆锥状，暗褐色，直径约 1 厘米。茎粗壮，不分枝或上部有分枝，基部被褐色膜质残存叶鞘，下部常匍生石间，上部分枝多纤细。花淡红色，花瓣倒卵形，顶端钝，基部紧缩；花药暗紫色，圆锥状，花柱直立。果实长圆形，表皮密生细水泡状突起；果棱有微波状翅。

　　太子山保护区有分布，生于海拔 3700~4200 米的山坡草地。

鸡冠棱子芹

Pleurospermum cristatum

伞形科棱子芹属

　　二年生草本。基生叶或茎下部叶有长柄，叶片轮廓三角状卵形，通常三出二回羽状分裂，末回裂片菱状卵形，基部下延，边缘有不整齐缺刻，叶柄基部扩展呈鞘状；茎上部叶近无柄。复伞形花序；总苞片 3~7，匙形，有狭的白色边缘；小伞形花序有花 15~25；花白色；花瓣卵圆形，顶端内凹而有明显内折的小舌片。果实卵状长圆形，表面密生水泡状微突起，果棱突起，呈明显鸡冠状。

　　太子山保护区有分布，生于海拔 2300~2600 米的山坡林缘、草地。

宽叶羌活

Notopterygium franchetii

伞形科羌活属

多年生草本。基生叶及茎下部叶有柄，下部有抱茎的叶鞘；叶大，三出式二至三回羽状复叶，最终裂片长圆状卵形至卵状披针形，边缘有粗锯齿；茎上部叶简化成三出叶、单叶或膨大成紫色叶鞘。复伞形花序顶生和腋生；无总苞；伞辐多数；小总苞片多数，条形；花梗多数；花瓣淡黄色，倒卵形。双悬果卵形。

太子山保护区有分布，生于海拔 2300~4300 米的林缘、灌丛中。

羌活

Notopterygium incisum

伞形科羌活属

多年生草本，高 60~120 厘米，根茎粗壮，伸长呈竹节状。根颈部有枯萎叶鞘。茎直立，圆柱形，中空，有纵直细条纹，带紫色。叶为三出式三回羽状复叶。复伞形花序，花瓣白色，卵形至长圆状卵形；花药黄色，椭圆形。分生果长圆状。

太子山保护区有分布，生于海拔 2300~4000 米的林缘及灌丛内。

黑柴胡

Bupleurum smithii

伞形科柴胡属

多年生草本，常丛生，高25~60厘米，根黑褐色，质松，多分枝。植株变异较大。数茎直立或斜升，粗壮，有显著的纵槽纹，上部有时有少数短分枝。叶多，质较厚，基部叶丛生，狭长圆形或长圆状披针形或倒披针形，叶柄宽狭变化很大，长短也不一致，叶基带紫红色，扩大抱茎。花瓣黄色，有时背面带淡紫红色；花柱基干燥时紫褐色。果棕色，卵形。

太子山保护区有分布，生于海拔2300~3400米的山坡草地。

小柴胡

Bupleurum tenue

伞形科柴胡属

二年生草本，高20~80厘米。根细瘦，木质化，淡土黄色，入土很浅。叶小，长圆状披针形或线形，长3~8厘米，宽4~8毫米，顶端钝或圆。伞形花序小而多；花序梗细长，长2~3.5厘米，有棱角；伞辐2~5，线形，不等长，6~13毫米，挺直，每小伞形花序通常有发育果3，其余多不发育。果广卵圆形或椭圆形，长2.5毫米，宽1.5毫米，棕色，棱粗而显著，淡黄色。

太子山保护区有分布，生于海拔2300~2900米的向阳山坡草丛中。

竹叶柴胡

Bupleurum marginatum

伞形科柴胡属

多年生草本，高达 1.2 米。直根纺锤形，深红褐色。茎单生，基部稍紫褐色。叶下面绿白色，近革质，叶缘白色软骨质，下部叶与中部叶同形，长披针形，长10~16 厘米，宽 0.6~1.4 厘米，先端硬尖头长达 1 毫米，网脉不明显，基部溢缩抱茎。复伞形花序多分枝，顶生花序短于侧生花序；花瓣淡黄色，小舌片方形；花柱基厚盘状。果长圆形，深褐色。

太子山保护区有分布，生于海拔 2300~2500 米的山坡草地或林下。

葛缕子

Carum carvi

伞形科葛缕子属

多年生草本，高达 0.7~1.5 米。根圆柱形或纺锤形。茎基部无叶鞘残留纤维。复伞形花序，无总苞片，萼无齿；花瓣白或带淡红色。果长卵形，长 4~5 毫米，宽 2 毫米。花果期 5~8 月。

太子山保护区有分布，生于海拔 2300~3300 米的草丛中、林下。

直立茴芹

Pimpinella smithii

伞形科茴芹属

多年生草本，高 0.3~1.5 米。根长圆锥形，长 10~20 厘米，径约 1 厘米，有或无侧根。茎直立，有细条纹，微被柔毛，中、上部分枝。小伞形花序有花 10~25；无萼齿；花瓣卵形、阔卵形，白色，基部楔形，顶端微凹，有内折小舌片。果实卵球形。

太子山保护区有分布，生于海拔 2300~3600 米的草地、灌丛中。

蛇床

Cnidium monnieri

伞形科蛇床属

一年生草本，高 10~60 厘米。根圆锥状，较细长。茎直立或斜上，多分枝，中空，表面具深条棱，粗糙。下部叶具短柄，叶鞘短宽，边缘膜质，上部叶柄全部鞘状；叶片轮廓卵形至三角状卵形，长 3~8 厘米，宽 2~5 厘米，二至三回三出式羽状全裂。小伞形花序具花 15~20，萼齿无；花瓣白色。

太子山保护区有分布，生于海拔 2300~2500 米的河边、路旁。

尖叶藁本

Ligusticum acuminatum

伞形科藁本属

多年生草本，高可达 2 米。根茎较发达，常为棕褐色。茎圆柱形，中空，具条纹，略带紫色。基生叶未见。茎上部叶具柄，柄长 5~7 厘米；下部略扩大呈鞘状；叶片纸质，轮廓宽三角状卵形。复伞形花序具长梗，顶端密被糙毛。分生果背腹扁压，卵形。

太子山保护区有分布，生于海拔 2300~3500 米的林下、草地。

藁本

Ligusticum sinense

伞形科藁本属

多年生草本，高达 1 米。根茎发达，具膨大的结节。茎直立，圆柱形，中空，具条纹，基生叶具长柄，边缘齿状浅裂，具小尖头。花白色，花柄粗糙；萼齿不明显；花瓣倒卵形，先端微凹，具内折小尖头；花柱基隆起，花柱长，向下反曲。

太子山保护区广泛分布，生于海拔 2300~2700 米的林下、草丛中。

线叶藁本

Ligusticum nematophyllum

伞形科藁本属

多年生草本，高 30~80 厘米。茎单一，具 1~2 分枝或上部不分枝。基部叶柄长 8~10 厘米；叶轮廓三角状卵形，长 8~10 厘米，宽 6~10 厘米，末回裂片线形。复伞形花序；花瓣白色。果实椭圆状卵形。花期 7~8 月，果期 9~10 月。

太子山保护区有分布，生于海拔 2300~3000 米的灌丛中。

疏叶当归

Angelica laxifoliata

伞形科当归属

植株高可达 150 厘米。根圆柱形，灰黄色，微香。茎中空，带紫色。叶二至三回三出羽裂，叶鞘披针形；疏离，小裂片卵状披针形或椭圆形，总苞披针形，带紫色，有缘毛。伞形花序长披针形，有毛；萼无齿；花瓣倒心形，白色。果卵圆形，黄白色，边缘带紫或紫红色。

太子山保护区有分布，生于海拔 2300~3000 米的山坡草丛中。

裂叶独活

Heracleum millefolium

伞形科独活属

多年生草本，高达 45 厘米；有柔毛。叶披针形，三至四回羽裂，小裂片线形或披针形，先端尖，内弯；茎生叶短。复伞形花序，披针形，伞形花序有数花，小总苞片线形或丝状，有毛。萼齿细小；花瓣白色，果椭圆形，有柔毛，背棱较细。

太子山保护区有分布，生于海拔 3800~4300 米的山坡草地。

多裂独活

Heracleum dissectifolium

伞形科独活属

多年生草本，高 60~100 厘米，有毛。根长圆锥形，淡棕色。茎直立，有棱槽，中空，上部多分枝。基生叶有柄，叶柄长 3.5~7 厘米，基部有长而宽的叶鞘；叶片轮廓为卵形，茎生叶三回三出式羽状深裂，无柄，上部叶逐渐简化。复伞形花序顶生和侧生，小总苞片少数，线形，被有细毛；萼齿细小；花瓣白色，二型；花柱近直立。果实椭圆形或近圆形。

太子山保护区有分布，生于海拔 2100~3200 米的灌丛中。

野胡萝卜

Daucus carota

伞形科胡萝卜属

二年生草本，全体有粗硬毛。基生叶矩圆形，二至三回羽状全裂，最终裂片条形至披针形。复伞形花序顶生；总苞片多数，叶状，羽状分裂，裂片条形，反折；伞幅多数；小总苞片 5~7，条形，不裂或羽状分裂；花梗多数；花白色或淡红色。双悬果矩圆形，4 次棱有翅，翅上具短钩刺。

太子山保护区有分布，生于海拔 2300~3000 米的山坡路旁。

沙梾

Swida bretschneideri

山茱萸科梾木属

灌木或小乔木；树皮紫红色。单叶对生，卵形、椭圆状卵形或长圆形，长 5~8.5 厘米，宽 2.5~6 厘米，上面有短柔毛，下面灰白色，密被白色贴生短柔毛；侧脉 5~7 对。伞房状聚伞花序顶生，被有贴生短柔毛；花小，白色；花萼裂片 4，尖三角形，外侧被短柔毛；花瓣 4，舌状长卵形，下面有贴生短柔毛。核果蓝黑色至黑色，近球形，密被贴生短柔毛。

太子山保护区广泛分布，生于海拔 2200~2700 米的山坡地带。

红椋子

Swida hemsleyi

山茱萸科梾木属

灌木或小乔木，树皮红褐色或黑灰色；幼枝红色，略有四棱，被贴生短柔毛；老枝紫红色至褐色，无毛，有圆形黄褐色皮孔。叶对生，纸质，卵状椭圆形，边缘微波状，上面深绿色，有贴生短柔毛，下面灰绿色，密被白色贴生短柔毛及乳头状突起。花期6月，果期9月。

太子山保护区广泛分布，常生于海拔2300~3500米的林中。

鹿蹄草

Pyrola calliantha

鹿蹄草科鹿蹄草属

常绿草本状小半灌木。叶4~7，基生，革质，椭圆形或圆卵形，基部阔楔形或近圆形，边缘近全缘或有疏齿，上面绿色，下面常有白霜，有时带紫色。花葶有1~2（4）枚鳞片状叶；总状花序有9~13花，密生，花倾斜，稍下垂，花冠广开，较大，白色，有时稍带淡红色；花柱伸出或稍伸出花冠。蒴果扁球形。

太子山保护区广泛分布，生于海拔2200~2700米的溪流、路旁等。

头花杜鹃

Rhododendron capitatum

杜鹃花科杜鹃属

  常绿小灌木，分枝多，枝条直立而稠密。幼枝短，黑色或褐色，密被鳞片。叶芽鳞早落。叶近革质，芳香，椭圆形或长圆状椭圆形。花序顶生，伞形，有花 2~8 朵；花冠宽漏斗状，淡紫或深紫、紫蓝色。蒴果卵圆形。花期 4~6 月，果期 7~9 月。

  太子山保护区新营保护站百里阳洼、大槐沟有分布，生于海拔 2500~4200 米的高山草甸中。

千里香杜鹃

Rhododendron thymifolium

杜鹃花科杜鹃属

  常绿直立小灌木，分枝多而细瘦，疏展或成帚状。枝条纤细，灰棕色，无毛，密被暗色鳞片。叶常聚生于枝顶，近革质，椭圆形、长圆形、窄倒卵形至卵状披针形，顶端钝或急尖，通常有短突尖，基部窄楔形，上面灰绿色，无光泽，下面黄绿色，被银白色、灰褐色至麦黄色的鳞片。蒴果卵圆形，被鳞片。花期 5~7 月，果期 9~10 月。

  太子山保护区新营保护站百里阳洼、铁沟峡有分布，生于海拔 2700~4200 米的高山灌丛或高山草地上。

烈香杜鹃

Rhododendron anthopogonoides

杜鹃花科杜鹃属

常绿灌木，高 1~2 米，直立。枝条粗壮而坚挺，幼时密生鳞片或疏柔毛；叶芳香，革质，卵状椭圆形、宽椭圆形至卵形，顶端圆钝具小突尖头，基部圆或稍截形；花序头状顶生，有花 10~20 朵，花密集；花冠狭筒状漏斗形，淡黄绿或绿白色，罕粉色，有浓烈的芳香，外面无鳞片，或稍有微毛。蒴果卵形，长 3~4.5 毫米，具鳞片，被包于宿萼内。花期 6~7 月，果期 8~9 月。

太子山保护区新营保护站百里阳洼有分布，生于海拔 2800~3700 米的高山灌丛中。

陇蜀杜鹃

Rhododendron przewalskii

杜鹃花科杜鹃属

常绿灌木，高 1~3 米；幼枝淡褐色，无毛；老枝黑灰色。叶革质，常集生于枝端，叶片卵状椭圆形至椭圆形；叶柄带黄色，无毛。顶生伞房状伞形花序，有花 10~15 朵；花冠钟形，白色至粉红色，筒部上方具紫红色斑点；花丝无毛或下半部略被柔毛，花药椭圆形，淡褐色；花柱无毛，柱头头状，绿色。蒴果长圆柱形，长 1.5~2 厘米，直径 4~5 毫米，光滑。花期 6~7 月，果期 9 月。

太子山保护区广泛分布，生于海拔 3000~4000 米的高山草地，常组成灌丛。

黄毛杜鹃

Rhododendron rufum

杜鹃花科杜鹃属

常绿灌木或小乔木，高 1.5~8 米；幼枝被带白色至黄褐色丛卷绒毛；老枝暗灰色，无毛。叶革质，椭圆形至长圆状卵形，边缘稍反卷，锈黄毛至黄棕色，松软，绵毛状，由分枝毛组成，下层毛被紧密，灰白色；叶柄粗壮。顶生总状伞形花序，有花 6~11 朵，总轴短；花冠漏斗状钟形，白色至淡粉红色。蒴果长圆柱形，微弯弓，疏被棕色毛；果梗长 1.5~2 厘米。花期 5~6 月，果期 7~9 月。

太子山保护区广泛分布，生于海拔 2800~4200 米的高山灌丛。

虎尾草

Lysimachia barystachys

报春花科珍珠菜属

多年生草本，全株密被柔毛。茎直立。叶互生或近对生，矩圆状披针形或倒披针形，顶端钝或锐尖，基部渐狭，近于无柄。总状花序顶生，花密集，常转向一侧，后渐伸长；花萼裂片长卵形，边缘膜质；花冠白色，裂片狭矩圆形。蒴果球形。

太子山保护区有分布，生于海拔 2300~3700 米的路旁。

海乳草

Glaux maritima

报春花科海乳草属

多年生草本。茎直立或斜升，单独或基部分枝。叶交互对生，无柄或有短柄；叶片条形或矩圆状披针形，顶端钝尖，基部楔形。花小，腋生；花梗短或无梗；花萼白色或淡红色，宽钟状，5裂，裂片卵形至矩圆状卵形；无花冠。蒴果卵圆球形。

太子山保护区有分布，生于海拔2300~2500米的草丛中。

短葶小点地梅

Androsace gmelinii

报春花科点地梅属

一年生小草本。主根细长，具少数支根。叶基生，叶片近圆形或圆肾形，基部心形或深心形，边缘具7~9圆齿，两面疏被贴伏的柔毛。花葶柔弱，被开展的长柔毛；苞片小，披针形或卵状披针形，先端锐尖；花萼钟状或阔钟状，密被白色长柔毛和稀疏腺毛；花冠白色，与花萼近等长或稍伸出花萼，裂片长圆形，先端钝或微凹。蒴果近球形。花期5~6月。

太子山保护区有分布，生于海拔2600~4000米的山地、林缘。

垫状点地梅

Androsace tapete

报春花科点地梅属

多年生草本。叶两型，外层叶卵状披针形或卵状三角形，较肥厚，先端钝，背部隆起，微具脊。花单生，无梗或具极短的柄，包藏于叶丛中；苞片线形，膜质，有绿色细肋，约与花萼等长；花萼筒状，具稍明显的5棱，棱间通常白色，膜质，裂片三角形，先端钝，上部边缘具绢毛；花冠粉红色，裂片倒卵形，边缘微呈波状。花期6~7月。

太子山保护区有分布，生于海拔3500~4300米的山坡。

西藏点地梅

Androsace mariae

报春花科点地梅属

多年生草本。主根木质，具少数支根。花葶单一，被白色开展的多细胞毛和短柄腺体；伞形花序2~10花；苞片披针形至线形，与花梗、花萼同被白色多细胞毛；花梗在花期稍长于苞片；花萼钟状，分裂达中部，裂片卵状三角形；花冠粉红色，裂片楔状倒卵形，先端略呈波状。蒴果稍长于宿存花萼。花期6月。

太子山保护区有分布，生于海拔2300~4000米的山坡草地、林缘。

直立点地梅

Androsace erecta

报春花科点地梅属

多年生草本；茎直立，被稀疏刚毛。基生叶密集成莲座状，叶片披针形，被刚毛；茎生叶矩圆状披针形，顶端突尖，具白骨质边缘。聚伞圆锥花序，开展，被疏刚毛；花萼钟状，5裂，裂片披针状三角形，具膜质边缘；花冠淡红色，裂片倒卵形，常向内卷，顶端凹缺，稍露出于花萼上，花筒极短。蒴果球形。

太子山保护区有分布，生于海拔2700~3500米的山坡草地。

多脉报春

Primula polyneura

报春花科报春花属

多年生草本。叶薄膜质，两面有硬纤毛，圆形或近三角形，基部心形，边缘有圆至尖缺裂，裂片有粗锯齿；叶柄长7~11厘米，有长柔毛。花葶高10~30厘米，全部布满长柔毛；伞形花序1轮，有花数朵至10余朵；苞片有刚毛，长条形，顶端尖锐；花萼狭钟状，裂片披针形；花冠紫红色，高脚碟状，裂片倒心形，顶端深裂凹缺。

太子山保护区有分布，生于海拔2300~4000米的林缘、草丛。

紫罗兰报春

Primula purdomii

报春花科报春花属

多年生草本。叶片披针形、矩圆状披针形或倒披针形，边缘近全缘或具不明显的小钝齿，通常极窄外卷，干时厚纸质；叶柄具阔翅。伞形花序 1 轮，具 8~12（18）花；苞片线状披针形至钻形；花萼狭钟状，分裂达中部，裂片矩圆状披针形；花冠蓝紫色至近白色，裂片矩圆形或狭矩圆形，全缘。蒴果筒状，长于花萼。

太子山保护区有分布，生于海拔 3300~4100 米的草地、灌木林下。

甘青报春

Primula tangutica

报春花科报春花属

多年生草本，全株无粉。根状茎粗短，具多数须根。叶椭圆形、椭圆状倒披针形至倒披针形，先端钝圆或稍锐尖，基部渐狭窄，边缘具小牙齿，稀近全缘；叶柄不明显或长达叶片的 1/2。伞形花序 1~3 轮；苞片线状披针形；花梗被微柔毛，开花时稍下弯；花萼筒状；花冠朱红色。蒴果筒状，长于宿存花萼 3~5 毫米。花期 6~7 月，果期 8 月。

太子山保护区有分布，生于海拔 3300~4300 米的阳坡草地、灌丛下。

散布报春
Primula conspersa
报春花科报春花属

多年生草本。叶椭圆形、狭矩圆形或披针形，先端圆形或钝，基部渐狭窄，边缘具整齐的牙齿。伞形花序；苞片线状披针形，基部稍膨大；花梗纤细，被粉质腺体；花萼钟状，外面被粉质腺体，裂片狭三角形，边缘具小腺毛；花冠蓝紫色或淡蓝色，冠筒口周围橙黄色。蒴果长圆形，略长于宿存花萼。花期 5~7 月，果期 8~9 月。

太子山保护区有分布，生于海拔 2700~3000 米的草地、林缘。

苞芽粉报春
Primula gemmifera
报春花科报春花属

多年生草本。叶矩圆形、卵形或阔匙形，先端钝或圆形；叶柄通常与叶片近等长，具狭翅。伞形花序，顶生；苞片狭披针形至矩圆状披针形，常染紫色，微被粉；花萼狭钟状，绿色或染紫色；花冠淡红色至紫红色，极少白色。蒴果长圆形。花期 5~8 月，果期 8~9 月。

太子山保护区有分布，生于海拔 2700~4300 米的草地、林缘。

羽叶点地梅

Pomatosace filicula

报春花科羽叶点地梅属

叶多数，叶片轮廓线状矩圆形，两面沿中肋被白色疏长柔毛，羽状深裂至近羽状全裂，裂片线形或窄三角状线形，先端钝或稍锐尖，全缘或具 1~2 牙齿；叶柄甚短或长达叶片的 1/2，被疏长柔毛，近基部扩展，略呈鞘状。伞形花序 6~12 花；苞片线形，疏被柔毛；花冠白色，冠筒长约 1.8 毫米。蒴果近球形，直径约 4 毫米。

太子山保护区有分布，生于海拔 3000~4300 米的高山草甸或河滩砂地。

水曲柳

Fraxinus mandschurica

木犀科梣属

落叶大乔木，树皮厚，灰褐色，纵裂。小枝粗壮，黄褐色至灰褐色，四棱形，叶痕节状隆起，半圆形。羽状复叶，近基部膨大，小叶纸质，长圆形至卵状长圆形，先端渐尖或尾尖，基部楔形至钝圆，叶缘具细锯齿，上面暗绿色，下面黄绿色，小叶近无柄。圆锥花序生于去年生枝上，先叶开放。翅果大而扁，长圆形至倒卵状披针形。花期 4 月，果期 8~9 月。

太子山保护区新营保护站有零星分布，生于海拔 2300~2400 米的山坡疏林中或河谷平缓山地。

紫丁香
Syringa oblata
木犀科丁香属

灌木或小乔木，高可达 5 米；树皮灰褐色或灰色。叶片革质或厚纸质，卵圆形至肾形，先端短凸尖至长渐尖或锐尖，基部心形、截形至近圆形，或宽楔形。圆锥花序直立，由侧芽抽生，近球形或长圆形；花冠紫色，花冠管圆柱形，裂片呈直角开展，卵圆形、椭圆形至倒卵圆形。果倒卵状椭圆形、卵形至长椭圆形，先端长渐尖，光滑。花期 4~5 月，果期 6~10 月。

太子山保护区东湾保护站零星分布，海拔 2400~2600 米。

北京丁香
Syringa pekinensis
木犀科丁香属

大灌木或小乔木；树皮褐色或灰棕色，纵裂。叶片纸质，卵形、宽卵形至近圆形，或为椭圆状卵形至卵状披针形。花序由 1 对或 2 至多对侧芽抽生；花冠白色，呈辐状。果长椭圆形至披针形，先端锐尖至长渐尖，光滑，稀疏生皮孔。花期 5~8 月，果期 8~10 月。

太子山保护区新营保护站半草岭有零星分布，海拔 2300~2700 米。

互叶醉鱼草

Buddleja alternifolia

马钱科醉鱼草属

灌木。叶在长枝上互生，在短枝上为簇生，通常全缘或有波状齿。花多朵组成簇生状或圆锥状聚伞花序；花序较短，密集；花冠紫蓝色，花冠裂片近圆形或宽卵形。蒴果椭圆状；种子多颗，狭长圆形，灰褐色，周围边缘有短翅。花期 5~7 月，果期 7~10 月。

太子山保护区关滩保护站、关滩沟有零星分布，生于海拔 2300~2800 米的疏林中。

管花秦艽

Gentiana siphonantha

龙胆科龙胆属

多年生草本。枝少数丛生。莲座丛叶线形，稀宽线形，长 4~14 厘米，叶柄长 3~6 厘米；茎生叶与莲座丛叶相似，长 3~8 厘米，无叶柄或柄长达 2 厘米。花簇生枝顶及叶腋呈头状；花无梗；萼筒带紫红色，花冠深蓝色，筒状钟形，裂片长圆形，褶窄三角形。蒴果长 1.4~1.7 厘米，果柄长 6~7 毫米。花果期 7~9 月。

太子山保护区有分布，生于海拔 2300~4300 米的草地、灌丛。

六叶龙胆

Gentiana hexaphylla

龙胆科龙胆属

多年生草本。花枝多数丛生，铺散，斜升，紫红色或黄绿色。茎生叶6~7枚，稀5枚轮生。花单生枝顶，无花梗；花萼筒紫红色或黄绿色，倒锥形或倒锥状筒形，花冠蓝色，具深蓝色条纹或有时筒部黄白色。蒴果内藏，稀先端外露，椭圆状披针形。花果期7~9月。

太子山保护区有分布，生于海拔2700~4300米的草地、路旁、高山草甸。

线叶龙胆

Gentiana farreri

龙胆科龙胆属

多年生草本。花枝多数丛生，铺散，斜升。花萼长为花冠之半，萼筒紫色或黄绿色，筒形；花冠上部亮蓝色，下部黄绿色，具蓝色条纹，无斑点，倒锥状筒形，裂片卵状三角形，先端急尖，全缘，褶整齐，宽卵形，先端钝，边缘啮蚀形。蒴果内藏，椭圆形。花果期8~10月。

太子山保护区有分布，生于海拔2400~4300米的高山草甸、灌丛中。

条纹龙胆

Gentiana striata

龙胆科龙胆属

　　一年生草本。茎淡紫色直伸或斜升，基部分枝。茎生叶长三角状披针形或卵状披针形，先端渐尖，基部圆或平截，抱茎呈短鞘，下面脉密被短柔毛；无柄。花单生茎顶；花冠淡黄色，具黑色纵纹；裂片卵形。花果期 8~10 月。

　　太子山保护区有分布，生于海拔 2200~3900 米的山坡草地、灌丛中。

鳞叶龙胆

Gentiana squarrosa

龙胆科龙胆属

　　一年生小草本；茎细弱，被短腺毛。叶对生，茎下部者较大，卵圆形或卵状椭圆形，排列作辐状；茎上部的叶匙形至倒卵形，具软骨质边，粗糙，顶端有芒刺，反卷，基部连合。花单生枝端；花萼钟状，裂片卵圆形，外弯，端有芒刺，背面有棱；花冠钟状，裂片卵圆形，褶全缘或 2 裂，短于裂片。蒴果倒卵形，具长柄。

　　太子山保护区有分布，生于海拔 2300~4200 米的路边、灌丛中及高山草甸。

匙叶龙胆

Gentiana spathulifolia

龙胆科龙胆属

一年生草本。茎紫红色，密被细乳突，在基部多分枝，基生叶大，在花期枯萎，宿存，宽卵形或圆形，茎生叶疏离，匙形。花多数，单生于小枝顶端；花梗紫红色，密被细乳突，裸露；花萼漏斗形，裂片三角状披针形；花冠紫红色，漏斗形，裂片卵形。蒴果外露或内藏，矩圆状匙形。

太子山保护区有分布，生于海拔 2800~3800 米的山坡。

椭圆叶花锚

Halenia elliptica

龙胆科花锚属

一年生草本。茎直立，上部分枝。基生叶椭圆形，先端圆或钝尖，茎生叶卵形至卵状披针形，先端钝圆或尖。聚伞花序顶生及腋生，花萼裂片椭圆形或卵形，花冠蓝或紫色，冠筒裂片卵圆形，向外水平开展；子房卵圆形。蒴果宽卵圆形；种子椭圆形或近圆形。花果期 7~9 月。

太子山保护区有分布，生于海拔 2300~4100 米的林缘、山坡草地、灌丛中。

湿生扁蕾

Gentianopsis paludosa

龙胆科扁蕾属

　　一年生草本。茎基部分枝或不分枝。基生叶 3~5 对，匙形，长 3 厘米。花单生茎枝顶端；花萼筒形，裂片近等长，先端尖，边缘白色膜质；花冠蓝色，或下部黄白色，上部蓝色，宽筒形。蒴果椭圆形，具长柄。花果期 7~10 月。

　　太子山保护区有分布，生于海拔 2300~4300 米的山坡草地、林下。

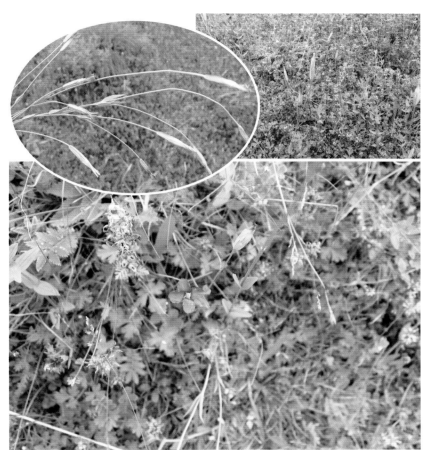

卵叶扁蕾

Gentianopsis paludosa
var. *ovatodeltoidea*

龙胆科扁蕾属

　　一年生草本。茎单生，上部分枝。基生叶 3~5 对，匙形；茎生叶卵状披针形或三角状披针形。花单生茎及分枝顶端；花梗直立，果期略伸长；花萼筒形，长为花冠之半；花冠蓝色，或下部黄白色，上部蓝色，宽筒形。蒴果具长柄，椭圆形。花果期 7~10 月。

　　太子山保护区有分布，生于海拔 2300~3000 米的山坡草地。

黑边假龙胆

Gentianella azurea

龙胆科假龙胆属

一年生草本。茎直立，常紫红色，有条棱。基生叶早落；茎生叶无柄，矩圆形、椭圆形或矩圆状披针形。聚伞花序顶生和腋生，稀单花顶生，椭圆形或线状披针形；花冠蓝色或淡蓝色，漏斗形。种子褐色，矩圆形，表面具极细网纹。花果期7~9月。

太子山保护区有分布，生于海拔2300~4300米的山坡草地、林下、灌丛中、高山草地。

肋柱花

Lomatogonium carinthiacum

龙胆科肋柱花属

一年生草本。茎带紫色，自下部多分枝，枝细弱，斜升，几四棱形，节间较叶长。基生叶早落，具短柄，莲座状，叶片匙形，基部狭缩成柄；茎生叶无柄，披针形、椭圆形至卵状椭圆形，先端钝或急尖，基部钝，不合生，仅中脉在下面明显。聚伞花序或花生分枝顶端；花冠蓝色，裂片椭圆形或卵状椭圆形。蒴果无柄，圆柱形，与花冠等长或稍长；种子褐色，近圆形。花果期8~10月。

太子山保护区有分布，生于海拔2300~4300米的草地、高山草地。

辐状肋柱花

Lomatogonium rotatum

龙胆科肋柱花属

一年生草本。茎不分枝或自基部有少数分枝，近四棱形，直立，绿色或常带紫色。叶无柄，狭长披针形、披针形至线形。花5数，顶生和腋生；花冠淡蓝色，具深色脉纹；裂片椭圆状披针形或椭圆形，先端钝或急尖。花果期8~9月。

太子山保护区有分布，生于海拔2300~4200米的山坡草地。

红直獐牙菜

Swertia erythrosticta

龙胆科獐牙菜属

多年生直立草本；茎四棱形。叶对生，椭圆状矩圆形，钝尖，具五出脉，生于下部的叶具柄，连合而包茎，上部的叶无柄。复总状聚伞花序，顶生或腋生；花下垂，绿色具黑褐色斑点；花萼5深裂，裂片狭披针形；花冠5深裂至基部，裂片矩圆形，边缘具流苏状裂齿。蒴果卵状椭圆形，二瓣裂。

太子山保护区有分布，生于海拔2300~4300米的高山草地、疏林下。

獐牙菜

Swertia bimaculata

龙胆科獐牙菜属

一年生草本。茎直伸，中部以上分枝。基生叶花期枯萎；茎生叶椭圆形或卵状披针形，先端长渐尖，基部楔形，无柄或具短柄。圆锥状复聚伞花序疏散，花5数；花萼绿色；花冠黄色，上部具紫色小斑点；裂片椭圆形或长圆形。蒴果窄卵圆形，种子被瘤状突起。花果期6~11月。

太子山保护区有分布，生于海拔2300~3000米的山坡草地、林下、灌丛中。

歧伞獐牙菜

Swertia dichotoma

龙胆科獐牙菜属

一年生草本。茎细弱，四棱形，棱上有狭翅，从基部作二歧式分枝。叶质薄，下部叶具柄，叶片匙形；中上部叶无柄或有短柄，叶片卵状披针形。聚伞花序顶生或腋生；花梗细弱，弯垂，四棱形，有狭翅；花萼绿色，裂片宽卵形；花冠白色，带紫红色，裂片卵形，中下部具2个腺窝，腺窝黄褐色。蒴果椭圆状卵形。

太子山保护区有分布，生于海拔2300~3100米的山坡、林缘。

中华花葱

Polemonium chinense

花葱科花葱属

  多年生草本,根匍匐,圆柱状。茎直立,无毛或被疏柔毛。羽状复叶互生,长卵形至披针形,基部近圆形,全缘,两面有疏柔毛或近无毛。圆锥花序疏散;花萼钟状,被短或疏长腺毛;花冠紫蓝色,钟状。子房球形,蒴果卵形,种子褐色。

  太子山保护区有分布,生于海拔2300~3600米的草丛、河边。

附地菜

Trigonotis peduncularis

紫草科附地菜属

  一或二年生草本。茎通常多条丛生,稀单一,密集,铺散,高5~30厘米,基部多分枝,被短糙伏毛。基生叶呈莲座状,有叶柄,叶片匙形。花序生茎顶,幼时卷曲,后渐次伸长,花冠淡蓝色或粉色,筒部甚短,裂片平展,倒卵形,先端圆钝,白色或带黄色;花药卵形,先端具短尖。

  太子山保护区有分布,生于海拔2300~2600米的林缘、草地。

短蕊车前紫草

Sinojohnstonia moupinensis

紫草科车前紫草属

多年生草本。茎数条，细弱，平卧或斜升，有疏短伏毛。基生叶数个，卵状心形，两面有糙伏毛和短伏毛，先端短渐尖。花序短，长 1~1.5 厘米，含少数花，密生短伏毛；花萼 5 裂至基部，裂片披针形，背面有密短伏毛，腹面稍有毛；花冠白色或带紫色。小坚果长约 2.5 毫米，腹面有短毛，黑褐色，碗状突起的边缘淡红褐色，无毛。

太子山保护区有分布，生于海拔 2300~3000 米的林下。

微孔草

Microula sikkimensis

紫草科微孔草属

茎高 6~65 厘米，直立或渐升，常自基部起有长或短的分枝，或不分枝，被刚毛，有时还混生稀疏糙伏毛。花冠蓝色或蓝紫色，檐部直径 5~11 毫米，无毛，裂片近圆形，筒部长 2.5~4 毫米，无毛。小坚果卵形，有小瘤状突起和短毛，背孔位于背面中上部，狭长圆形，长 1~1.5 毫米，着生面位腹面中央。花期 5~9 月。

太子山保护区有分布，生于海拔 3000~4300 米的山坡草地、灌丛下。

甘青微孔草

Microula pseudotrichocarpa

紫草科微孔草属

　　茎直立或渐升。基生叶和茎下部叶有长柄，披针状长圆形或匙状狭倒披针形，或长圆形。花序腋生或顶生，初密集，近球形，果期常伸长；苞片披针形至狭椭圆形；在花序之下有1朵无苞片的花，具长达5毫米的花梗。小坚果卵形，长约2毫米，宽约1.2毫米，有小瘤状突起和极短的毛，背孔长圆形，长约1毫米，着生面位于腹面近中部处。花期7~8月。

　　太子山保护区有分布，生于海拔2200~3500米的高山草地。

长叶微孔草

Microula trichocarpa

紫草科微孔草属

　　二年生草本；茎被开展的短刚毛，分枝。基生叶和茎下部叶有柄，匙形或匙状倒披针形，长2~6.5厘米，宽0.6~1厘米，两面有短糙毛；中部以上叶无柄，狭矩圆形或狭倒披针形，长达7.5厘米，宽达1.4厘米。花序短，有少数密集的花；花冠蓝色，裂片近圆形；喉部附属物三角形或半月形。小坚果卵形，有瘤状突起。

　　太子山保护区有分布，生于海拔2400~3600米的山地林下。

糙草

Asperugo procumbens

紫草科糙草属

一年生蔓生草本。茎细弱，攀缘，高可达 90 厘米，中空，有 5~6 条纵棱，沿棱有短倒钩刺，通常有分枝。花冠蓝色，长约 2.5 毫米，筒部比檐部稍长，檐部裂片宽卵形至卵形，稍不等大，喉部附属物疣状。小坚果狭卵形，灰褐色，长约 3 毫米，表面有疣点，着生面圆形。花果期 7~9 月。

太子山保护区有分布，生于海拔 2300 米以上的山地草坡。

琉璃草

Cynoglossum zeylanicum

紫草科琉璃草属

直立草本，茎单一或数条丛生，密被伏黄褐色糙伏毛。基生叶及茎下部叶具柄，长圆形或长圆状披针形，茎上部叶无柄，狭小，被密伏的伏毛。花序顶生及腋生，分枝钝角叉状分开，无苞片，果期延长呈总状；花冠蓝色，漏斗状。花果期 5~10 月。

太子山保护区有分布，生于海拔 2300~3100 米的林间草地、向阳山坡。

美花圆叶筋骨草

Ajuga ovalifolia
var. *calantha*

唇形科筋骨草属

一年生草本。茎直立,高
3~12厘米,四棱形,被白色长柔
毛,无分枝。有叶2对,稀为3对。
叶宽卵形或近菱形,长4~6厘米,
宽3~7厘米,基部下延。穗状聚
伞花序顶生,几呈头状,长2~3
厘米,由3~4轮伞花序组成;苞叶
大,叶状;花梗短或几无;花冠红
紫色至蓝色,筒状,微弯,冠檐
二唇形,上唇2裂,下唇3裂。

太子山保护区有分布,生于
海拔2800~3700米的草坡、灌丛
中。

甘肃黄芩

Scutellaria rehderiana

唇形科黄芩属

多年生草本。叶具短柄;叶片
卵状披针形至卵形,全缘或下部
每侧有2~5个不规则远离浅牙齿,
边缘密被短睫毛。花序总状,顶
生;花冠粉红色、淡紫色至紫蓝色,
花冠筒近基部膝曲;冠檐二唇形,
上唇盔状,先端微缺,下唇中裂
片三角状卵圆形,先端微缺。

太子山保护区有分布,生于
海拔2300~3200米的山地阳坡。

并头黄芩

Scutellaria scordifolia

唇形科黄芩属

茎直立，四棱形。叶片三角状狭卵形、三角状卵形或披针形，基部浅心形。花单生于茎上部的叶腋内，偏向一侧；花冠蓝紫色，外面被短柔毛，内面无毛；冠檐二唇形，上唇盔状。花期6~8月，果期8~9月。

太子山保护区有分布，生于海拔2300米左右的草地。

康藏荆芥

Nepeta prattii

唇形科荆芥属

多年生草本。叶卵状披针形、宽披针形至披针形，向上渐变小，先端急尖，基部浅心形，边缘具密的牙齿状锯齿，上面微被短柔毛，下面淡绿色，沿脉疏被短硬毛，余部被腺微柔毛及黄色小腺点。轮伞花序生于茎、枝上部3~9节上，下部的远离，顶部的3~6密集成穗状，多花而紧密；花冠紫色或蓝色，圆形。小坚果倒卵状长圆形，腹面具棱，基部渐狭，褐色，光滑。花期7~10月，果期8~11月。

太子山保护区有分布，生于海拔2300~4300米的山坡草地。

甘青青兰

Dracocephalum tanguticum

唇形科青兰属

多年生直立草本。茎上部被倒向小毛,在叶腋中生有短枝。叶片轮廓椭圆状卵形或椭圆形,羽状全裂,裂片 2~3 对,条形,下面密被灰白色短柔毛,全缘而内卷。轮伞花序生于茎顶,形成间断的假穗状花序;苞片叶状;花萼上唇 3 裂宽披针形,下唇 2 裂披针形,齿间有小瘤;花冠紫蓝至暗紫色,下唇中裂片最大。

太子山保护区有分布,生于海拔 2300~4000 米的松林边缘、草滩。

白花枝子花

Dracocephalum heterophyllum

唇形科青兰属

茎中部以下分枝。叶宽卵形或长卵形,先端钝圆,基部心形,下面疏被短柔毛或近无毛,具浅圆齿或锯齿及缘毛,茎上部叶锯齿常具刺。轮伞花序具 4~8 花,生于茎上部;花萼淡绿色,疏被短柔毛;花冠白色,密被白或淡黄色短柔毛。花期 6~8 月。

太子山保护区有分布,生于海拔 2300~2800 米的草地。

糙苏

Phlomis umbrosa

唇形科糙苏属

多年生直立草本。茎叶近圆形、圆卵形至卵状矩圆形，长5.2~12厘米，具长1~12厘米的柄；叶片均两面疏被柔毛及星状柔毛。轮伞花序多数，生主茎及分枝上；花萼筒状，萼齿顶端具小刺尖，边缘被丛毛；花冠通常粉红，长约1.7厘米，上唇边缘有不整齐的小齿，下唇3圆裂，中裂片较大。

太子山保护区有分布，生于海拔2300~3200米的疏林下、草坡上。

鼬瓣花

Galeopsis bifida

唇形科鼬瓣花属

草本。茎直立，通常高20~60厘米，钝四棱形。茎叶卵圆状披针形或披针形，轮伞花序腋生，多花密集；花冠白、黄或粉紫红色，冠筒漏斗状，冠檐二唇形。小坚果倒卵状三棱形，褐色，有秕鳞。花期7~9月，果期9月。

太子山保护区有分布，生于海拔2300~4000米的灌丛、草地、林缘。

益母草

Leonurus japonicus

唇形科益母草属

一或二年生直立草本。茎下部叶轮廓卵形，掌状 3 裂，其上再分裂，中部叶通常 3 裂成矩圆形裂片，花序上的叶呈条形，全缘或具少数牙齿；叶柄长 2~3 厘米至近无柄。轮伞花序；花萼筒状钟形，齿 5；花冠粉红色至淡紫色，檐部二唇形，上唇外被柔毛，下唇 3 裂，中裂片倒心形。

太子山保护区有分布，生于海拔 2300~3400 米的山坡。

甘露子

Stachys sieboldii

唇形科水苏属

多年生草本。根茎白色，节具鳞叶及须根，顶端具念珠状或螺蛳形肥大块茎。叶卵形或椭圆状卵形，先端尖或渐尖，基部宽楔形或浅心形，具圆齿状锯齿，两面被平伏硬毛。轮伞花序具 6 花，组成长 5~15 厘米穗状花序；花冠粉红或紫红色。小坚果黑褐色，卵球形，径约 1.5 厘米，被小瘤。花期 7~8 月，果期 9 月。

太子山保护区有分布，生于海拔 2300~3200 米的河滩地。

甘西鼠尾草

Salvia przewalskii

唇形科鼠尾草属

多年生草本,基部分枝,上升。茎密被短柔毛。叶三角状戟形或长圆状披针形,稀心状卵形,先端尖,基部心形或戟形,具圆齿状牙齿。轮伞花序具2~4花,疏散,组成长8~20顶生总状或圆锥状花序;花冠紫红或红褐色,长被柔毛。小坚果红褐色,倒卵球形。花期5~8月。

太子山保护区有分布,生于海拔2300~4000米的林缘、灌丛下。

黄鼠狼花

Salvia tricuspis

唇形科鼠尾草属

一或二年生草本。叶3裂,三角状戟形或箭形,先端渐尖或尖;基部心形,具卵形裂片,具锯齿或圆齿。轮伞花序具2~4花,疏散,组成总状或总状圆锥花序,被短柔毛及腺长柔毛;苞片窄披针形,全缘或具2~4齿;花冠黄色,被柔毛。小坚果倒卵球形,褐色。花期7~9月,果期9~10月。

太子山保护区有分布,生于海拔2300~3100米的河边草地。

粘毛鼠尾草

Salvia roborowskii

唇形科鼠尾草属

一或二年生草本；茎密被有黏腺的长硬毛。叶片戟形，基部浅心形或截形，边缘具圆齿，两面被粗伏毛。轮伞花序 4~6 花，上部密集下部疏离组成顶生或腋生的总状花序；花梗与花序轴被黏腺硬毛；花萼钟形，花后增大，外被长硬毛及短腺毛，二唇形；花冠黄色，短小，冠檐二唇形，上唇直伸，长圆形，下唇比上唇大，3 裂。

太子山保护区有分布，生于海拔 2500~3700 米的山坡草地。

麻叶风轮菜

Clinopodium urticifolium

唇形科风轮菜属

多年生草本。叶片卵形至卵状披针形，长 3~5.5 厘米，上面被极疏的短硬毛，下面被稀疏贴生具节疏柔毛，边缘锯齿状。轮伞花序多花，半球形；花萼狭筒状，上部染紫红色，外被平展白色纤毛及具腺微柔毛，13 脉，二唇形；花冠紫红色，二唇形，上唇直伸，先端微缺，下唇 3 裂，中裂片稍大。

太子山保护区有分布，生于海拔 2300~2900 米的草丛中。

薄荷

Mentha canadensis

唇形科薄荷属

多年生草本。叶具柄，矩圆状披针形至披针状椭圆形，长3~5（7）厘米，沿脉密生微柔毛，边缘在基部以上疏生粗大的牙齿状锯齿。轮伞花序腋生，球形，具梗或无梗；花萼筒状钟形，10脉，齿5，狭三角状钻形；花冠淡紫，外被毛，内面在喉部下被微柔毛，檐部4裂，上裂片顶端2裂，较大，其余3裂近等大。

太子山保护区有分布，生于海拔2300~3500米的水边。

密花香薷

Elsholtzia densa

唇形科香薷属

草本，基部多分枝。茎被短柔毛。叶披针形或长圆状披针形，基部宽楔形或圆，基部以上具锯齿，两面被短柔毛。穗状花序，密被紫色念珠状长柔毛；花冠淡紫色，密被紫色念珠状长柔毛，冠筒漏斗形，上唇先端微缺，下唇中裂片较侧裂片短。小坚果暗褐色，卵球形，被微柔毛，顶端被疣点。花果期7~10月。

太子山保护区有分布，生于海拔2300~4100米的林下、河边、林缘。

香薷

Elsholtzia ciliate

唇形科香薷属

　　直立草本。叶卵形或椭圆状披针形，先端渐尖，基部楔状下延成狭翅，边缘具锯齿。穗状花序长 2~7 厘米，宽达 1.3 厘米，偏向一侧，由多花的轮伞花序组成；花冠淡紫色，外面被柔毛。

　　太子山保护区有分布，生于海拔 2300~3400 米的林下、山坡。

青杞

Solanum septemlobum

茄科茄属

　　直立草本或半灌木状。叶卵形，长 3~7 厘米，宽 2~5 厘米，顶端尖或钝，基部楔形，5~7 裂，裂片多为披针形，顶端尖，两面均有疏短柔毛，尤以叶脉及边缘较密；叶柄长 1~2 厘米，有短柔毛。二歧聚伞花序，顶生或腋外生；花萼小，杯状，外面有疏柔毛，裂片三角形；花冠蓝紫色，裂片矩圆形。浆果近球状，熟时红色。

　　太子山保护区有分布，生于海拔 2300~2500 米的向阳山坡。

肉果草

Lancea tibetica

玄参科肉果草属

多年生矮小草本。叶 6~10 片，几成莲座状，倒卵形至倒卵状矩圆形或匙形，近革质，边全缘或有很不明显的疏齿，基部渐狭成有翅的短柄。花 3~5 朵簇生或伸长成总状花序，花冠深蓝色或紫色，喉部稍带黄色或紫色斑点。果实卵状球形，长约 1 厘米，红色至深紫色。花期 5~7 月，果期 7~9 月。

太子山保护区有分布，生于海拔 2300~4300 米的草地、疏林中。

两裂婆婆纳

Veronica biloba

玄参科婆婆纳属

一年生草本；茎疏被腺毛。叶对生，具短柄，宽披针形，长（5）10~20 毫米，全缘或有疏而浅的锯齿。总状花序；花萼 4 裂，裂片卵形至卵状披针形，急尖，疏被腺毛；花冠白色、紫色或蓝色，后方裂片圆形，其余 3 枚卵圆形。蒴果宽 4~5 毫米，短于花萼，侧扁，被腺毛，几乎 2 裂达到基部。

太子山保护区有分布，生于海拔 2300~3600 米的山坡、草地。

短腺小米草

Euphrasia regelii

玄参科小米草属

植株干时几乎变黑。茎直立，不分枝或分枝，被白色柔毛。叶和苞叶无柄，下部的楔状卵形，顶端钝，中部的稍大，卵形至卵圆形，基部宽楔形。花萼管状；花冠白色，上唇常带紫色，下唇比上唇长，裂片顶端明显凹缺。蒴果长矩圆状，长4~9毫米，宽2~3毫米。花期5~9月。

太子山保护区有分布，生于海拔2900~4000米的高山草地、林下。

藓生马先蒿

Pedicularis muscicola

玄参科马先蒿属

多年生草本。茎丛生。叶柄长达1.5厘米；叶片椭圆形至披针形，长达5厘米，羽状全裂。花皆腋生；萼圆筒形，长达11毫米，齿5枚；花冠玫瑰色，管长4~7.5厘米，盔直立部分很短，前方渐细为卷曲或S形的长喙，下唇宽达2厘米。蒴果稍扁平，为宿萼所包。花期5~7月，果期8月。

太子山保护区有分布，生于海拔2300~2700米的杂木林中。

条纹马先蒿

Pedicularis lineata

玄参科马先蒿属

多年生草本，直立。茎单条或自根茎发出多条，中空，圆柱形，有条纹，不分枝，或下部上部均能分枝；枝细弱，对生或轮生。叶片圆卵形而小，长宽约仅7毫米，具裂片约3对，茎叶4枚轮生。花冠紫红色，管纤细。蒴果平展或稍稍偏向上方，三角状披针形而狭。

太子山保护区有分布，生于海拔2300~4300米的林下、草丛中。

扭旋马先蒿

Pedicularis torta

玄参科马先蒿属

多年生草本，直立，疏被短柔毛或近于无毛。叶互生或假对生，茂密，基生叶多数，长圆状披针形至线状长圆形。总状花序顶生，伸长，多花；花冠具黄色的花管及下唇，紫色或紫红色的盔。花期6~8月，果期8~9月。

太子山保护区有分布，生于海拔2500~4000米的草坡上。

拟鼻花马先蒿大唇亚种

Pedicularis rhinanthoides subsp. labellata

玄参科马先蒿属

多年生草本，高矮多变。根茎很短，根成丛。茎直立，或弯曲上升，单出或自根茎发出多条，不分枝，几无毛而多少黑色有光泽。叶基生者常成密丛，有长柄，叶片线状长圆形，羽状全裂，裂片 9~12 对，卵形。花成顶生的亚头状总状花序或多少伸长，可达 8 厘米；花冠玫瑰色。蒴果长于萼半倍，披针状卵形。花期 7~8 月。

太子山保护区有分布，生于海拔 3500~4300 米的高山草甸。

侏儒马先蒿

Pedicularis pygmaea

玄参科马先蒿属

一年生矮小草本，高不及 3 厘米。茎直立，不分枝。叶基生者长 1.5 厘米，叶片线状长圆形，前方多羽状深裂，近叶柄处则为羽状全裂，裂片通常 6~8 对。花序密而头状；苞片叶状；萼球状卵形，长 4 毫米；花紫红色，长 9~10 毫米。

太子山保护区有分布，生于海拔 2300~4000 米的草坡。

甘肃马先蒿

Pedicularis kansuensis

玄参科马先蒿属

一或二年生草本，体多毛，高可达 40 厘米以上；茎多条发出，有 4 条成行的毛。叶片矩圆形，长达 3 厘米。花轮生；花萼近球状，前方不裂，5 齿不等大，三角形而有锯齿；花冠长约 15 毫米，筒自基部以上向前膝曲。蒴果斜卵状，长锐尖。

太子山保护区有分布，生于海拔 2300~4000 米的草坡。

中国马先蒿

Pedicularis chinensis

玄参科马先蒿属

一年生草本，低矮或多少升高。叶基出与茎生，均有柄，基叶之柄长达 4 厘米，上部之柄较短；叶片披针状长圆形至线状长圆形。花冠黄色，盔直立部分稍向后仰。蒴果长圆状披针形，近端更有指向前下方的小凸尖。

太子山保护区有分布，生于海拔 2300~2900 米的高山草地中。

短唇马先蒿

Pedicularis brevilabris

玄参科马先蒿属

　　一年生草本，高 25~45 厘米。茎单条或多至 4~5 条，枝对生。叶下部者对生，柄细长，达 2.5~3 厘米，上部之叶 4 枚轮生，具短柄或几无柄，叶片长卵形至椭圆状长圆形，长 1.5~3 厘米，宽 1.4~2 厘米，羽状深裂，裂片 4~8 对，缘有不规则锐锯齿。花序穗状，长者达 8 厘米；苞片叶状；萼钟形，上被白色长柔毛；花冠浅粉色，长 1.5~2 厘米，盔长 9~12 毫米，多少镰形弓曲，额圆形，下唇短于盔，近于卵形，长 6~8 毫米，宽 6~9 毫米，有细缘毛，中裂较小，椭圆状卵形。花期 7 月。

　　太子山保护区有分布，生于海拔 2700~3500 米的高山草原或灌丛中。

三斑刺齿马先蒿

Pedicularis armata var.

trimaculata

玄参科马先蒿属

　　低矮草本或稍升高。茎常成丛。叶基出与茎生，均有长柄，基出者柄长达 4 厘米，茎叶柄较短，仅 1~2 厘米，叶片多少线状长圆形，羽状深裂，长 2~4 厘米，宽 4~10 毫米，裂片 4~9 对，有重锯齿。花均腋生；花梗短，长者约达 1 厘米；萼长 16~20 毫米，齿 2 枚；花冠黄色，外面有毛，长 5~9 厘米，盔直立部分完全正直或稍向前俯，前方作狭三角形而渐细为卷成一大半环之长喙，喙长约 15 毫米，下唇很大，长宽约相等，侧裂较中裂大二倍，唇瓣基部具 3 枚深红褐色斑点。花期 8~9 月。

　　太子山保护区有分布，生于海拔 3660~4600 米的空旷高山草地中。

大车前

Plantago major

车前科车前属

多年生草本，有须根。基生叶直立，密生，纸质，卵形或宽卵形，长 3~10 厘米，宽 2.5~6 厘米，顶端圆钝，边缘波状或有不整齐锯齿，两面有短或长柔毛；叶柄长 3~9 厘米。花葶数条，近直立，长 8~20 厘米；穗状花序长 4~9 厘米，花密生。蒴果圆锥状，长 3~4 毫米，周裂。

太子山保护区有分布，生于海拔 2300~2800 米的草地、路旁。

车前

Plantago asiatica

车前科车前属

多年生草本，有须根。基生叶直立，卵形或宽卵形，长 4~12 厘米，宽 4~9 厘米，顶端圆钝，边缘近全缘、波状，或有疏钝齿；叶柄长 5~22 厘米。花葶数个，直立，长 20~45 厘米，有短柔毛；穗状花序占上端 1/3~1/2 处，具绿白色疏生花。蒴果椭圆形，周裂。

太子山保护区有分布，生于海拔 2300~3200 米的草地。

平车前

Plantago depressa

车前科车前属

一年生草本，有圆柱状直根。基生叶直立或平铺，椭圆形、椭圆状披针形或卵状披针形，长4~10厘米，宽1~3厘米，边缘有远离小齿或不整齐锯齿；纵脉5~7条；叶柄长1.5~3厘米，基部有宽叶鞘及叶鞘残余。花葶少数，弧曲，长4~17厘米，疏生柔毛；穗状花序长4~10厘米，顶端花密生，下部花较疏。蒴果圆锥状。

太子山保护区有分布，生于海拔2300~4300米的草地。

中亚车轴草

Galium rivale

茜草科拉拉藤属

多年生草本。茎直立或攀缘，柔弱，具4角棱，棱上有倒向的小刺。叶纸质，每轮6~10片，披针形或倒披针形，长0.6~5厘米，宽2~8毫米，近无柄。聚伞花序腋生或顶生，多花；花冠白色，短漏斗形，直径约2.5毫米，花冠裂片4。果近球形，直径1.5~2毫米，无毛，常具小瘤状凸起。花果期6~9月。

太子山保护区有分布，生于海拔2300~3300米的草地。

茜草

Rubia cordifolia

茜草科茜草属

　　草质攀缘藤木，长通常1.5~3.5米。根状茎和其节上的须根均红色；茎数至多条，从根状茎的节上发出，细长，方柱形，有4棱，棱上生倒生皮刺，中部以上多分枝。叶通常4片轮生，纸质，披针形或长圆状披针形。聚伞花序腋生和顶生，多回分枝；花冠淡黄色，干时淡褐色。果球形，成熟时橘黄色。

　　太子山保护区有分布，生于海拔2300~2800米的疏林、林缘或草地。

聚花荚蒾

Viburnum glomeratum

忍冬科荚蒾属

　　落叶灌木或小乔木，高达5米；当年小枝、芽、幼叶下面、叶柄及花序均被黄色或黄白色簇状毛。叶纸质，卵状椭圆形、卵形或宽卵形，稀倒卵形或倒卵状矩圆形，边缘有牙齿；叶柄长1~3厘米。花冠白色，辐状，直径约5毫米，花药近圆形，直径约1毫米。果实红色，后变黑色；核椭圆形，扁，有2条浅背沟和3条浅腹沟。花期4~6月，果熟期7~9月。

　　太子山保护区广泛分布，生于海拔2200~3200米的山坡灌木林中。

蒙古荚蒾

Viburnum mongolicum

忍冬科荚蒾属

　　落叶灌木，高达 2 米；幼枝、叶下面、叶柄和花序均被簇状短毛，二年生小枝黄白色，浑圆，无毛。叶纸质，宽卵形至椭圆形，稀近圆形，边缘有波状浅齿，齿顶具小突尖；叶柄长 4~10 毫米。聚伞花序直径 1.5~3.5 厘米，具少数花；花冠淡黄白色，筒状钟形，花药矩圆形。果实红色而后变黑色，椭圆形，长约 10 毫米；核扁，有 2 条浅背沟和 3 条浅腹沟。花期 5 月，果熟期 9 月。

　　太子山保护区广泛分布，生于海拔 2200~3500 米的灌木林中。

香荚蒾

Viburnum farreri

忍冬科荚蒾属

　　落叶灌木，高达 5 米；当年小枝绿色，近无毛，二年生小枝红褐色，后变灰褐色或灰白色。叶纸质，椭圆形或菱状倒卵形，边缘基部除外具三角形锯齿。圆锥花序生于能生幼叶的短枝之顶，有多数花，花先叶开放，芳香；花冠蕾时粉红色，开后变白色，高脚碟状；花药黄白色，近圆形。果实紫红色，矩圆形，有 1 条深腹沟。花期 4~5 月。

　　太子山保护区紫沟保护站王家沟有分布，生于海拔 2300~2800 米的平缓山地。

桦叶荚蒾

Viburnum betulifolium

忍冬科荚蒾属

落叶灌木或小乔木，高可达7米；小枝紫褐色或黑褐色。冬芽外面多少有毛。叶厚纸质或略带革质，干后变黑色，宽卵形至菱状卵形或宽倒卵形，稀椭圆状矩圆形，边缘离基1/3~1/2以上具开展的不规则浅波状牙齿；叶柄纤细。复伞形式聚伞花序顶生或生于具1对叶的侧生短枝上；花冠白色，辐状，花药宽椭圆形。果实红色，近圆形；核扁，顶尖，有1~3条浅腹沟和2条深背沟。花期6~7月，果熟期9~10月。

太子山保护区药水保护站母山有分布，生于海拔2200~3100米的山谷林中或山坡灌丛中。

鸡树条

Viburnum opulus

var.*calvescens*

忍冬科荚蒾属

落叶灌木。树皮质厚而多少呈木栓质。小枝、叶柄和总花梗均无毛。叶轮廓圆卵形至广卵形或倒卵形，长6~12厘米，通常3裂，基部圆形、截形或浅心形，边缘具不整齐粗牙齿，叶下面仅脉腋集聚簇状毛或有时脉上亦有少数长伏毛。复伞形式聚伞花序直径5~10厘米，大多周围有大型的不孕花；花冠白色；花药紫红色。核扁，近圆形，直径7~9毫米。

太子山保护区有分布，生于海拔2200米左右的山坡、沟谷杂木林中。

岩生忍冬

Lonicera rupicola

忍冬科忍冬属

灌木。叶3枚轮生，条状披针形至矩圆形，长0.5~3.7厘米，边缘背卷，下面被白色毡毛；叶柄长达3毫米。花生于幼枝基部叶腋，总花梗极短；花冠淡紫色或紫红色，筒状钟形，长10~15毫米，外面常被毛。果实红色，椭圆形，长约8毫米。

太子山保护区关滩保护站乌龙沟有分布，生于海拔2800~3950米的高山灌丛草甸、林缘河滩草地或山坡灌丛中。

红花岩生忍冬

Lonicera rupicola
var.*syringantha*

忍冬科忍冬属

落叶灌木，幼枝和叶柄均被屈曲、白色短柔毛和微腺毛，或有时近无毛；小枝纤细，叶脱落后小枝顶常呈针刺状，有时伸长而平卧。叶纸质，3~4枚轮生，很少对生，条状披针形、矩圆状披针形至矩圆形，顶端尖或稍具小凸尖或钝形，幼枝上部的叶有时完全无毛；花生于幼枝基部叶腋，芳香；花冠淡紫色或紫红色，筒状钟形。果实红色，椭圆形。花期5~8月，果熟期8~10月。

太子山保护区冬沟系零星分布，生于海拔2300~3800米的山坡灌丛或高山草地。

太白忍冬

Lonicera taipeiensis

忍冬科忍冬属

灌木。叶倒卵形至倒披针形，长 1.5~3.3 厘米；叶柄短。总花梗生于幼枝基部叶腋，纤细，长 2~3.5 厘米；花冠白色，后变浅红色，筒状漏斗形，长 9~10 毫米，基部一侧具袋囊。果实红色，扁圆形，直径约 5 毫米。

太子山保护区广泛分布，生于海拔 2200~3600 米的山坡林下、灌丛中或高山草地上。

唐古特忍冬

Lonicera tangutica

忍冬科忍冬属

落叶灌木；二年生小枝淡褐色，纤细，开展。叶纸质，倒披针形至矩圆形或倒卵形至椭圆形，顶端钝或稍尖，基部渐窄，两面常被短糙毛。总花梗生于幼枝下方叶腋，纤细；花冠白色、黄白色或有淡红晕，筒状漏斗形，筒基部稍一侧肿大或具浅囊。果实红色，直径 5~6 毫米。花期 5~6 月，果熟期 7~8 月。

太子山保护区广泛分布，生于海拔 2200~3600 米的山坡林下、灌丛中或高山草地上。

毛药忍冬

Lonicera serreana

忍冬科忍冬属

　　灌木；一年生小枝紫褐色。叶倒卵形、椭圆形至倒披针形，下面密生短曲柔毛。总花梗单生叶腋，下垂；花冠黄白色而带粉红色或紫色，筒状漏斗形，基部略具浅囊；花药具柔毛；花柱疏生柔毛，稍伸出花冠之外。浆果红色。

　　太子山保护区松鸣岩保护站西横沟有分布，生于海拔2200~2800米的山坡、沟谷灌丛中或林下。

袋花忍冬

Lonicera saccata

忍冬科忍冬属

　　灌木。叶纸质，倒卵形或矩圆形，两面被糙伏毛。总花梗生于幼枝基部叶腋，弯垂；相邻两萼筒全部或2/3联合；花冠黄色、白色或淡黄色，有时带紫色，筒状漏斗形，筒基部一侧明显具囊或有时稍肿大；花柱伸出花冠外。果实红色，圆形。

　　太子山保护区广泛分布，生于海拔2200~3000米的山坡林下或灌丛中。

四川忍冬
Lonicera szechuanica
忍冬科忍冬属

灌木。叶纸质，倒卵形至披针形或宽卵形至矩圆形。总花梗生于幼枝基部叶腋；花冠白色、淡黄绿色或黄色，有时带紫红色，筒状漏斗形，基部一侧具囊或稍肿大；花柱伸出花冠。果实红色，圆形。

太子山保护区紫沟保护站王家沟有分布，生于海拔2400~3500米的山坡、沟谷林下或灌丛中。

华西忍冬
Lonicera webbiana
忍冬科忍冬属

落叶灌木，高达4米；幼枝常秃净或散生红色腺，老枝具深色圆形小凸起。叶纸质，卵状椭圆形至卵状披针形，顶端渐尖或长渐尖，基部圆或微心形或宽楔形，边缘常不规则波状起伏或有浅圆裂；花冠紫红色或绛红色，很少白色或由白变黄色，花丝和花柱下半部有柔毛。果实先红色后转黑色，圆形，直径约1厘米。花期5~6月，果熟期8月中旬至9月。

太子山保护区广泛分布，生于海拔2300~3000米的灌丛中。

红脉忍冬

Lonicera nervosa

忍冬科忍冬属

　　落叶灌木，高达 3 米；幼枝和总花梗均被肉眼难见的微直毛和微腺毛。叶纸质，初发时带红色，椭圆形至卵状矩圆形；叶柄长 3~5 毫米。花冠先白色后变黄色，长约 1 厘米，外面无毛，内面基部密被短柔毛，筒略短于裂片，基部具囊；花柱端部具短柔毛。果实黑色，圆形，直径 5~6 毫米。花期 6~7 月，果熟期 8~9 月。

　　太子山保护区广泛分布，生于海拔 2200~3800 米山坡林下、林缘及高山草地。

蓝靛果

Lonicera caerulea

var. *edulis*

忍冬科忍冬属

　　落叶灌木；幼枝被直糙毛或刚毛。叶矩圆形、卵状矩圆形或卵状椭圆形，两面疏生短硬毛。总花梗长 2~10 毫米；苞片条形，长为萼筒的 2~3 倍；花冠长 1~1.3 厘米，外面有柔毛，基部具浅囊。果蓝黑色，稍被白粉，椭圆形，长约 1.5 厘米。花期 5~6 月，果熟期 8~9 月。

　　太子山保护区广泛分布，生于海拔 2400~2800 米山坡、山谷溪旁林下或灌丛中。

葱皮忍冬

Lonicera ferdinandii

忍冬科忍冬属

灌木；幼枝常具刺刚毛，老枝茎皮成条状剥落。壮枝具叶柄间托叶。叶纸质，卵形至矩圆状披针形，两面疏生刚毛。花冠黄色，外面被毛，唇形，上唇4裂。浆果红色，卵圆形，包以撕裂的壳斗。

太子山保护区药水保护站药水峡、扎子河有分布，生于海拔2200~3000米的山坡河谷灌丛中。

刚毛忍冬

Lonicera hispida

忍冬科忍冬属

落叶灌木，幼枝常带紫红色，很少无毛，老枝灰色或灰褐色。叶厚纸质，形状、大小和毛被变化很大，椭圆形、卵状椭圆形、卵状矩圆形至矩圆形，有时条状矩圆形，顶端尖或稍钝，基部有时微心形，近无毛或下面脉上有少数刚伏毛或两面均有疏或密的刚伏毛和短糙毛，边缘有刚睫毛。花冠白色或淡黄色，漏斗状，外面有短糙毛或刚毛或几无毛。花期5~6月，果熟期7~9月。

太子山保护区广泛分布，生于海拔2200~3800米的山坡林下、林缘及高山草地。

金花忍冬

Lonicera chrysantha

忍冬科忍冬属

　　落叶灌木，高达 4 米；幼枝、叶柄和总花梗常被开展的直糙毛、微糙毛和腺。冬芽卵状披针形。叶纸质，菱状卵形、菱状披针形、倒卵形或卵状披针形；叶柄长 4~7 毫米。总花梗细；花冠先白色后变黄色，外面疏生短糙毛，唇形；雄蕊和花柱短于花冠，花丝中部以下有密毛，药隔上半部有短柔伏毛；花柱全被短柔毛。果实红色，圆形，直径约 5 毫米。花期 5~6 月，果熟期 7~9 月。

　　太子山保护区广泛分布，生于海拔 2200~2700 米的山坡、沟谷林下或灌木林中。

毛花忍冬

Lonicera trichosantha

忍冬科忍冬属

　　落叶灌木，高达 3~5 米；枝水平状开展，小枝纤细。叶纸质，形状变化很大，通常矩圆形、卵状矩圆形或倒卵状矩圆形，较少椭圆形、圆卵形或倒卵状椭圆形；叶柄长 3~7 毫米。花冠黄色；花柱稍弯曲，长约 1 厘米，全被短柔毛，柱头大，盘状。果实由橙黄色转为橙红色至红色，圆形，直径 6~8 毫米。花期 5~7 月，果熟期 8 月。

　　太子山保护区广泛分布，生于海拔 2200~3500 米的山坡林缘及灌丛中。

盘叶忍冬

Lonicera tragophylla

忍冬科忍冬属

藤本。叶具短柄，矩圆形至椭圆形，下面粉绿色而密生柔毛，花序下的 1 对叶片基部合生成盘状。3 花的聚伞花序集合成头状，生分枝顶端，共有花 9~18 朵；花冠黄色至橙黄色，上部外面略带红色，长 7~8 厘米，唇形，上唇直立，具 4 裂片，下唇反转；雄蕊和花柱伸出花冠之外。浆果红色，近球形。

太子山保护区甲滩保护站多支坝沟有分布，生于海拔 2200~2400 米的山坡沟谷杂木林下或灌丛中。

血满草

Sambucus adnata

忍冬科忍冬属

多年生高大草本或半灌木；茎草质，具明显的棱条。叶长椭圆形、长卵形或披针形，先端渐尖，基部钝圆，两边不等，边缘有锯齿，上面疏被短柔毛；聚伞花序顶生，伞形式；花小，有恶臭；花冠白色；花药黄色；子房 3 室，花柱极短或几乎无，柱头 3 裂。果实红色，圆形。花期 5~7 月，果熟期 9~10 月。

太子山保护区广泛分布，生于海拔 2300~3600 米的林下、沟边、灌丛中。

五福花

Adoxa moschatellina

五福花科五福花属

多年生矮小草本;茎单一,纤细,无毛,有长匍匐枝。小叶片宽卵形或圆形,3裂;茎生叶2枚,对生,3深裂。无花柄,花黄绿色;花冠幅状;花丝2裂,花药单室,盾形,外向,纵裂;子房半下位至下位,花柱在顶生花为4,侧生花为5,基部连合,柱头4~5,点状。核果。花期4~7月,果期7~8月。

太子山保护区有分布,生于海拔2300~4000米的林下、林缘或草地。

墓头回

Patrinia heterophylla

败酱科败酱属

多年生草本。根状茎较长,横走;茎直立,被倒生微糙伏毛。叶片边缘圆齿状或具糙齿状缺刻,不分裂或羽状分裂至全裂,茎生叶对生。花黄色,组成顶生伞房状聚伞花序。瘦果长圆形或倒卵形,顶端平截。花期7~9月,果期8~10月。

太子山保护区有分布,生于海拔2300~2600米的草丛中。

缬草

Valeriana officinalis

败酱科缬草属

多年生高大草本。根状茎粗短呈头状，须根簇生。匍枝叶、基出叶和基部叶在花期常凋萎；茎生叶卵形至宽卵形，羽状深裂，裂片7~11。花序顶生，成伞房状三出聚伞圆锥花序；花冠淡紫红色或白色，花冠裂片椭圆形；雌雄蕊约与花冠等长。瘦果长卵形，基部近平截，光秃或两面被毛。花期5~7月，果期6~10月。

太子山保护区有分布，生于海拔2300~4000米的林下、山坡草地。

日本续断

Dipsacus japonicus

川续断科川续断属

多年生草本；主根长圆锥状，黄褐色。茎中空，向上分枝，具4~6棱，棱上具钩刺。基生叶具长柄，叶片长椭圆形。头状花序顶生，圆球形；总苞片线形，具白色刺毛；小苞片倒卵形，外被白色柔毛；雄蕊4，着生在花冠管上，稍伸出花冠外；子房下位。花期8~9月，果期9~11月。

太子山保护区有分布，生于海拔2300~3000米的草坡。

党参

Codonopsis pilosula

桔梗科党参属

    茎基具多数瘤状茎痕。根常肥大呈纺锤状或纺锤状圆柱形，较少分枝或中部以下略有分枝；茎缠绕，有多数分枝，具叶，不育或先端着花，黄绿色或黄白色，无毛。叶在主茎及侧枝上的互生，在小枝上的近于对生；叶片卵形或狭卵形，端钝或微尖，基部近于心形，边缘具波状钝锯齿；分枝上叶片渐趋狭窄；叶基圆形或楔形。花单生于枝端，与叶柄互生或近于对生，有梗。花果期 7~10 月。

    太子山保护区有分布，生于海拔 2300~3100 米的山地、灌丛中。

泡沙参

Adenophora potaninii

桔梗科沙参属

    茎高 30~100 厘米，不分枝，常单支发自一条茎基上。茎生叶无柄，仅个别植株下部的叶有短柄，卵状椭圆形、矩圆形，少数为条状椭圆形和倒卵形。花冠钟状，紫色、蓝色或蓝紫色，少为白色，裂片卵状三角形；花柱与花冠近等长或稍伸出。

    太子山保护区有分布，生于海拔 2300~3100 米的阳坡草地、灌丛、林下。

圆齿狗娃花

Heteropappus crenatifolius

菊科狗娃花属

一或二年生草本，有直根。茎高 10~60 厘米，直立，单生；全部叶两面被伏粗毛，且常有腺。头状花序；总苞半球形，条形或条状披针形，深绿色或带紫色；舌状花，舌片蓝紫色或红白色。瘦果倒卵形，稍扁，淡褐色，有黑色条纹，上部有腺，全部被疏绢毛。花果期 5~10 月。

太子山保护区有分布，生于海拔 2300~3900 米的山坡。

三脉紫菀

Aster ageratoides

菊科紫菀属

多年生草本，根状茎粗壮。茎直立，被柔毛或粗毛，叶片宽卵圆形，急狭成长柄；中部叶椭圆形或长圆状披针形，中部以上急狭成楔形具宽翅的柄，顶端渐尖，上部叶渐小，有浅齿或全缘，全部叶纸质。头状花序，舌状花 10 余个，舌片线状长圆形，紫色、浅红色或白色，管状花黄色。瘦果倒卵状长圆形，灰褐色。花果期 7~12 月。

太子山保护区有分布，生于海拔 2300~3350 米的林缘、灌丛中。

高山紫菀

Aster alpinus

菊科紫菀属

多年生草本，根状茎粗壮，有丛生的茎和莲座状叶丛。茎直立，高 10~35 厘米，不分枝，基部被枯叶残片，被密或疏毛，下部有密集的叶。全部叶被柔毛，或稍有腺点。头状花序在茎端单生；舌片紫色、蓝色或浅红色，长 10~16 毫米，宽 2.5 毫米。管状花花冠黄色，长 5.5~6 毫米。冠毛白色，长约 5.5 毫米。瘦果长圆形，褐色，被密绢毛。花期 6~8 月，果期 7~9 月。

太子山保护区有分布，生于海拔 2200~2800 米的高山林中。

缘毛紫菀

Aster souliei

菊科紫菀属

多年生草本，根状茎粗壮，木质。茎单生或与莲座状叶丛丛生，直立，高 5~45 厘米，纤细，莲座状叶与茎基部的叶倒卵圆形，长圆状匙形或倒披针形，长 2~7（11）厘米。头状花序在茎端单生，径 3~4（6）厘米。总苞半球形，径 0.8~1.5（2）厘米；总苞片约 3 层，近等长或外层稍短。瘦果卵圆形，稍扁，基部稍狭，长 2.5~3 毫米，宽 1.5 毫米，被密粗毛。

太子山保护区有分布，生于海拔 2200~2700 米的沟谷地带。

萎软紫菀

Aster flaccidus

菊科紫菀属

多年生草本，根状茎细长，有时具匍枝。基部叶及莲座状叶匙形或长圆状匙形；全部叶质薄，两面被密长毛或近无毛，或有腺。头状花序在茎端单生。总苞半球形，被白色或深色长毛或有腺毛；舌状花 40~60 个，舌片紫色，稀浅红色；管状花黄色，长 5.5~6.5 毫米；冠毛白色，外层披针形，膜片状，长 1.5 毫米，内层有多数长 6~7 毫米的糙毛。瘦果长圆形，长 2.5~3.5 毫米。花果期 6~11 月。

太子山保护区有分布，生于海拔 2300~2700 米的灌丛中。

一年蓬

Erigeron annuus

菊科飞蓬属

一或二年生草本，茎粗壮，高 30~100 厘米。全部叶边缘被短硬毛，两面被疏短硬毛，或有时近无毛。头状花序数个或多数，排列成疏圆锥花序，中央的两性花管状，黄色，檐部近倒锥形，裂片无毛。瘦果披针形，扁压，被疏贴柔毛。

太子山保护区有分布，生于海拔 2300~2700 米的山坡上。

香芸火绒草

Leontopodium haplophylloides

菊科火绒草属

　　多年生草本；茎直立，坚挺，被蛛丝状毛，上部常有腺毛。叶狭披针形或条状披针形，长1~4厘米，宽0.1~0.35厘米，黑绿色，两面被灰色短茸毛，下面杂有腺毛。苞叶常多数，披针形，较叶短，上面被白色厚绵毛，苞叶群直径2~5厘米。头状花序直径约5毫米，常5~7个密集。

　　太子山保护区有分布，生于海拔2300~2800米的山坡一带。

长叶火绒草

Leontopodium longifolium

火绒草属

　　多年生草本。花茎不分枝，被白色疏柔毛或密茸毛。基部叶狭长匙形，渐狭成宽柄状，近基部又扩大成紫红色无毛的长鞘部；茎中部叶直立，线形或舌状线形，长2~13厘米，宽1.5~9毫米，两面被同样的，或下面被较密的白色疏柔毛或密茸毛。苞叶多数，较茎上部叶短，卵圆披针形或线状披针形，较花序长1.5~3倍，开展成直径约2~6厘米的苞叶群。头状花序径6~9毫米，3~30个密集。总苞片约3层，椭圆披针形。花冠长约4毫米。冠毛白色，较花冠稍长。瘦果无毛或有乳头状突起，或有短粗毛。花期7~8月。

　　太子山保护区有分布，生于海拔2300~2800米的沟谷地带。

美头火绒草

Leontopodium calocephalum

菊科火绒草属

多年生草本；茎高 10~50 厘米，被蛛丝状毛或上部被白色绵毛。下部叶披针形或条状披针形，长 2~20 厘米，宽 0.2~1.2 厘米，渐狭有长柄或在基部有长鞘部；中上部叶渐短，抱茎。苞叶多数，从鞘状宽大的基部向上渐狭，尖三角形，两面被茸毛，开展成密集或有时分枝的直径 4~12 厘米的苞叶群；头状花序 5 至多数密集。

太子山保护区有分布，生于海拔 2300~2700 米的山坡地带。

线叶珠光香青

Anaphalis margaritacea
var. *japonica*

菊科香青属

茎高 30~60 厘米；叶线形，长 3~10 厘米，宽 0.3~0.6 厘米，顶端渐尖，下部叶顶端钝或圆形，上面被蛛丝状毛或脱毛，下面被淡褐色或黄褐色密棉毛；总苞同上变种，有时较小，长仅 5 毫米；花冠长约 3 毫米。

太子山保护区有分布，生于海拔 2300~2800 米的灌丛中。

黄腺香青

Anaphalis aureopunctata

菊科香青属

　　根状茎细或稍粗壮，有长达12或稀达20厘米的匍枝。茎直立或斜升。头状花序多数或极多数，密集成复伞房状；花序梗纤细。总苞钟状或狭钟状；总苞片约5层，外层浅或深褐色，卵圆形，长约2毫米，被棉毛；花托有缝状突起。雌株头状花序有多数雌花；雄株头状花序全部有雄花或外围有3~4个雌花。花冠长3~3.5毫米。冠毛较花冠稍长；雄花冠毛上部宽扁，有微齿。瘦果长达1毫米，被微毛。花期7~9月，果期9~10月。

　　太子山保护区有分布，生于海拔2200~2500米的山坡林地。

铃铃香青

Anaphalis hancockii

菊科香青属

　　根状茎细长，稍木质，匍枝有膜质鳞片状叶和顶生的莲座状叶丛。莲座状叶与茎下部叶匙状或线状长圆形，基部渐狭成具翅的柄或无柄，顶端圆形或急尖；中部及上部叶直立，常贴附于茎上，线形，或线状披针形，稀线状长圆形而多少开展。头状花序，雌株头状花序有多层雌花，雄株头状花序全部有雄花。瘦果长圆形，被密乳头状突起。花期6~8月，果期8~9月。

　　太子山保护区有分布，生于海拔2300~2700米的沟谷地带。

旋覆花

Inula japonica

菊科旋覆花属

　　多年生草本。根状茎短，横走或斜升，有多少粗壮的须根。茎单生，有时 2~3 个簇生，直立，高 30~70 厘米。头状花序径 3~4 厘米，多数或少数排列成疏散的伞房花序；花序梗细长。总苞半球形，总苞片约 6 层，线状披针形，近等长，但最外层常叶质而较长；外层基部革质，上部叶质，背面有伏毛或近无毛，有缘毛；舌状花黄色，舌片线形，管状花花冠长约 5 毫米，有三角披针形裂片；冠毛 1 层，白色，有 20 余个微糙毛，与管状花近等长。瘦果圆柱形，顶端截形，被疏短毛。花期 6~10 月，果期 9~11 月。

　　太子山保护区有分布，生于海拔 2300~2800 米的山地上。

高原天名精

Carpesium lipskyi

菊科天名精属

　　多年生草本。根茎粗短，横生，根茎常有褐色残存的老叶柄。茎直立，头状花序单生茎、枝端或腋生而具较长的花序梗，开花时下垂；两性花，被白色柔毛，冠檐扩大开张，呈漏斗状，雌花狭漏斗状，瘦果长 3.5~4 毫米。

　　太子山保护区有分布，生于海拔 2300~2700 米的河谷地带。

狼杷草

Bidens tripartita

菊科鬼针草属

一年生草本。茎高 20~150 厘米，圆柱状或具钝棱而稍呈四方形。叶对生，叶片无毛或下面有极稀疏的小硬毛。头状花序单生茎端及枝端，具较长的花序梗；总苞盘状，条形或匙状倒披针形，先端钝，具缘毛，叶状，内层苞片长椭圆形或卵状披针形；托片条状披针形，约与瘦果等长，背面有褐色条纹，边缘透明。无舌状花，全为筒状两性花。花药基部钝，顶端有椭圆形附器，花丝上部增宽。瘦果扁，楔形或倒卵状楔形，边缘有倒刺毛，顶端芒刺通常 2 枚，两侧有倒刺毛。

太子山保护区有分布，生于海拔 2300~2800 米的山坡地带。

臭蒿

Artemisia hedinii

菊科蒿属

一年生草本；植株有浓烈臭味。叶互生，二回栉齿状羽状深裂，裂片矩圆形，有锯齿；上部叶渐小，一回栉齿状羽状深裂。头状花序半球状，数个至 20 余个密集于腋生梗上，成短或长的总状或复总状花序；总苞宽椭圆形，边缘宽膜质，深褐色或黑色；花序托球形；花筒状，带紫色。

太子山保护区有分布，生于海拔 2300~2800 米的山地沟谷一带。

齿叶蓍

Achillea acuminate

菊科蓍属

　　多年生草本。茎直立，高30~100厘米，单生，有时分枝，上部密被短柔毛，下部光滑。头状花序较多数，排成疏伞房状；总苞半球形，被长柔毛；边缘舌状花14朵；舌片白色，顶端3圆齿，管部极短，翅状压扁；两性管状花，白色。瘦果倒披针形，长2.5~3毫米，宽约1.5毫米，有淡白色边肋，背面或背腹两面有时凸起成肋状，无冠状冠毛。花果期7~8月。

　　太子山保护区有分布，生于海拔2200~2600米的山坡灌丛中。

高山蓍

Achillea alpina

菊科蓍属

　　多年生草本，具短根状茎。茎直立，高30~80厘米。叶无柄，条状披针形，长6~10厘米，宽7~15毫米，篦齿状羽状浅裂至深裂（叶轴宽3~8毫米），基部裂片抱茎；裂片条形或条状披针形，尖锐，边缘有不等大的锯齿或浅裂，齿端和裂片顶端有软骨质尖头，上面疏生长柔毛，下面毛较密，有腺点或几无腺点，下部叶花期凋落，上部叶渐小。头状花序多数，集成伞房状。

　　太子山保护区有分布，生于海拔2200~2700米的林缘山地。

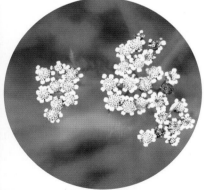

云南蓍

Achillea wilsoniana

菊科蓍属

多年生草本，有短的根状茎。茎直立，高 35~100 厘米，叶无柄，下部叶在花期凋落，中部叶矩圆形。头状花序多数，集成复伞房花序；总苞宽钟形或半球形，管状花淡黄色或白色，长约 3 毫米。瘦果矩圆状楔形，长 2.5 毫米，宽约 1.1 毫米，具翅。花果期 7~9 月。

太子山保护区有分布，生于海拔 2400~2800 米的山坡草地。

野菊

Dendranthema indicu

菊科菊属

多年生草本，高 0.25~1 米；有地下长或短匍匐茎。茎直立或铺散，分枝或仅在茎顶有伞房状花序分枝，叶两面同色或几同色，淡绿色。头状花序直径 1.5~2.5 厘米；舌状花黄色。瘦果长 1.5~1.8 毫米。花期 6~11 月。

太子山保护区有分布，生于海拔 2300~2600 米的山地灌丛中。

甘野菊

Dendranthema
lavandulifolium
var. *seticuspe*

菊科菊属

多年生草本；茎簇生，上部分枝。叶卵形或椭圆状卵形，长5~7厘米，宽4~6厘米；羽状深裂，侧裂片2~3对，裂片卵形或椭圆状卵形，边缘有缺刻状锯齿。头状花序小，在茎枝顶端排成伞房状；舌状花黄色。

太子山保护区有分布，生于海拔2300~2800米的沟谷地带。

柳叶亚菊

Ajania salicifolia

菊科亚菊属

小半灌木，高30~60厘米。有长20~30厘米的当年花枝和顶端有密集的莲座状叶丛的不育短枝。花枝紫红色，被绢毛，上部及花序枝上的毛稠密。叶线形，狭线形，或披针形，全缘，上部叶渐小；全部叶两面异色，上面绿色，无毛，下面白色，被密厚的绢毛。头状花序多数在枝端排成密集的伞房花序；边缘雌花约6个，花冠细管状，长2毫米，顶端3尖齿裂；两性花花冠长3.5毫米。瘦果长1.8毫米。花果期6~9月。

太子山保护区广泛分布，生于海拔2300~2900米的山坡、林缘一带。

多花亚菊

Ajania myriantha

菊科亚菊属

多年生草本或小半灌木，茎枝被稀疏的短柔毛。全部叶有长 0.5~1 厘米的短叶柄，上面绿色，无毛，或有较多的短柔毛；下面白色或灰白色，被密厚贴伏的顺向短柔毛。头状花序多数在茎枝顶端排成复伞房花序，或多数复伞房花序排成直径达 25 厘米的大型复伞房花序；总苞钟状，中央两性花管状；全部花冠顶端有腺点。瘦果长约 1 毫米。花果期 7~10 月。

太子山保护区有分布，生于海拔 2300~2700 米的山坡、灌丛中。

川甘亚菊

Ajania potaninii

菊科亚菊属

小灌木。叶宽卵形或宽椭圆形，长 1.5~2.5 厘米，宽 1~2 厘米，边缘不规则三角形锯齿或 3~5 浅裂；叶两面异色，上面绿色或灰绿，下面灰白色，被密厚的短柔毛。头状花序小，多数在枝端排成直径 2~8 厘米的复伞房花序；花黄色。

太子山保护区有分布，生于海拔 2200~2800 米的山坡、林缘。

华蟹甲

Sinacalia tangutica

菊科花蟹甲属

根状茎块状，径 1~1.5 厘米，具多数纤维状根。茎粗壮，中空，高 50~100 厘米，基部径 5~6 毫米，不分枝，幼时被疏蛛丝状毛，或基部无毛，上部被褐色腺状短柔毛。叶具柄，下部茎叶花期常脱落，中部叶片厚纸质，卵形或卵状心形，叶柄较粗壮，长 3~6 厘米，基部扩大且半抱茎，被疏短柔毛或近无毛。头状花序小，多数常排成多分枝宽塔状复圆锥状；管状花 4，稀 7，花冠黄色，檐部漏斗状，裂片长圆状卵形，顶端渐尖。花期 7~9 月。

太子山保护区广泛分布，生于海拔 2300~2700 米的林缘路边。

三角叶蟹甲草

Parasenecio deltophyllus

菊科蟹甲草属

多年生草本，根状茎粗壮，直伸，具多数纤维状须根。茎单生，高 50~80 厘米，直立，具明显的沟棱，被疏生柔毛或近无毛；叶具柄，下部叶在花期枯萎凋落，中部叶三角形。头状花序数个至 10 个，下垂，在茎端或上部叶腋排列成伞房状花序；总苞钟状；花冠黄色或黄褐色，花柱分枝细长，外弯，顶端截形，被较长的乳头状微毛。瘦果圆柱形，长 3~4 毫米，无毛，具肋。花期 7~8 月，果期 9 月。

太子山保护区有分布，生于海拔 2300~2700 米的灌丛中。

蛛毛蟹甲草

Parasenecio roborowskii

菊科蟹甲草属

多年生草本，根状茎粗壮，横走，有多数纤维状须根。茎单生，直立，不分枝，具纵条纹。叶片薄膜纸质，卵状三角形、长三角形。头状花序多数，通常在茎端或上部叶腋排列成塔状疏圆锥状花序偏向一侧着生，开展或下垂；花冠白色。瘦果圆柱形，长 3~4 毫米，无毛，具肋；冠毛白色，长 7~8 毫米。花期 7~8 月，果期 9~10 月。

太子山保护区有分布，生于海拔 2200~2600 米的林缘地带。

款冬

Tussilago farfara

菊科款冬属

多年生草本。根状茎横生地下，褐色。早春花叶抽出数个花葶互生的苞叶，苞叶淡紫色。头状花序单生顶端，直径 2.5~3 厘米，初时直立，花后下垂；总苞片 1~2 层，总苞钟状，总苞片线形，顶端钝，常带紫色，被白色柔毛及脱毛，有时具黑色腺毛；边缘有多层雌花，花冠舌状，黄色；中央的两性花少数，花冠管状，顶端 5 裂。瘦果圆柱形，长 3~4 毫米；冠毛长 10~15 毫米。后生出基生叶阔心形，具长叶柄，边缘有波状，顶端具增厚的疏齿，下面被密白色茸毛。

太子山保护区广泛分布，生于海拔 2300~2700 米的灌丛中。

额河千里光

Senecio argunensis

菊科千里光属

多年生根状茎草本，根状茎斜升，具多数纤维状根。茎单生，直立，被蛛丝状柔毛，有时多少脱毛，上部有花序枝。侧裂片约6对，狭披针形或线形。头状花序有舌状花，多数，排列成顶生复伞房花序；舌状花10~13，舌片黄色，长圆状线形。瘦果圆柱形，无毛。花期8~10月。

太子山保护区有分布，生于海拔2300~3600米的山地草甸。

北千里光

Senecio dubitabilis

菊科千里光属

一年生草本。茎单生，直立，高5~30厘米；叶无柄，匙形，长圆状披针形，长圆形至线形，全部叶两面无毛。头状花序无舌状花，少数至多数，排列成顶生疏散伞房花序；花序梗细，无毛，或有疏柔毛；总苞几狭钟状，管状花多数，花冠黄色，檐部圆筒状，短于筒部。瘦果圆柱形，长3~3.5毫米，密被柔毛；冠毛白色，长7~7.5毫米。花期5~9月。

太子山保护区有分布，生于海拔2300~4200米的山地一带。

大齿橐吾

Ligularia macrodonta

菊科橐吾属

多年生草本。根肉质，多数，簇生。茎直立，高 50~80 厘米；叶片肾形，淡绿色，光滑或有短毛；叶脉掌状。复伞房状聚伞花序开展，苞片和小苞片线状钻形，短小；头状花序多数，盘状；总苞狭筒形，总苞片 5~8，2 层，线状披针形；小花黄色，全部管状，冠毛白色，长约 7 毫米，比花冠短。瘦果圆柱形，光滑。花期 9 月。

太子山保护区有分布，生于海拔 2600~3800 米的山坡。

莲叶橐吾

Ligularia nelumbifolia

菊科橐吾属

多年生草本。根肉质，多数，簇生。茎直立，高 80~100 厘米；叶片盾状着生，肾形，先端圆形，边缘具尖锯齿，基部弯缺宽，叶脉掌状，在下面明显。复伞房状聚伞花序开展，分枝极多，叉开，黑紫红色，被白色蛛丝状毛和黄褐色有节短毛；苞片和小苞片线状钻形，极短；花序梗黑紫色，长达 1~5 厘米，常弯曲；头状花序多数，盘状，总苞狭筒形。瘦果光滑。花期 7~9 月。

太子山保护区有分布，生于海拔 2350~3900 米的林下、山坡和高山草地。

掌叶橐吾

Ligularia przewalskii

菊科橐吾属

多年生草本，高 60~100 厘米。叶有基部扩大抱茎的长柄，叶片宽过于长，宽 16~30 厘米，基部稍心形，掌状 4~7 深裂，中裂片 3 裂，侧裂片 2~3 裂，边缘有疏齿或小裂片；上部叶少数，有时有 3 裂片或不裂而作狭长的苞叶状。花序总状，长 20~50 厘米；头状花序多数；总苞狭圆柱形；小花 5~7 个，黄色，较总苞为长，其中 2 个舌状，其余筒状。

太子山保护区有分布，生于海拔 2400~3700 米的林缘、林下。

总状橐吾

Ligularia botryodes

菊科橐吾属

多年生草本。根肉质，多数，簇生。茎直立，高 50~70 厘米。叶片卵状心形、三角状心形或近圆心形，叶质薄，叶脉羽状。总状花序长 12~26 厘米，疏散；头状花序多数，舌状花 5~6，黄色，舌片长圆形，长 2~3 毫米，宽约 1 毫米，管部纤细，长约 4 毫米；管状花多数，长 7~8 毫米，管部长 2~3 毫米；冠毛白色与花冠等长。瘦果光滑。花期 7~8 月。

太子山保护区有分布，生于海拔 3120~4000 米的草坡和林下。

箭叶橐吾

Ligularia sagitta

菊科橐吾属

多年生草本，高 40~80 厘米。下部叶基部急狭成具翅而基部扩大抱茎的长柄，叶片淡绿色，三角状卵圆形，长 7~12 厘米，宽 5~8 厘米，基部戟形或稍心形，顶端钝或有小尖头，边缘有细锯齿；上部叶狭长至条形。花序总状，长达 20 余厘米，有 30 个或更多的头状花序；总苞圆柱形；舌状花 5~9 个，舌片黄色，矩圆状条形。

太子山保护区有分布，生于海拔 2400~4000 米的草坡、林缘、林下及灌丛。

黄帚橐吾

Ligularia virgaurea

菊科橐吾属

多年生灰绿色草本。根肉质，多数，簇生。茎直立。丛生叶和茎基部叶具柄，叶片卵形、椭圆形或长圆状披针形，叶脉羽状或有时近平行；茎生叶小，无柄，卵形、卵状披针形至线形，长于节间，稀上部者较短，先端急尖至渐尖，常筒状抱茎。总状花序长 4.5~22 厘米，密集或上部密集，下部疏离；头状花序辐射状，常多数，稀单生。瘦果长圆形，长约 5 毫米，光滑。花果期 7~9 月。

太子山保护区有分布，生于海拔 2600~4700 米的河滩、沼泽草甸。

牛蒡

Arctium lappa

菊科牛蒡属

　　二年生草本，具粗大的肉质直根。基生叶宽卵形。头状花序多数或少数在茎枝顶端排成疏松的伞房花序或圆锥状伞房花序，花序梗粗壮；总苞卵形或卵球形；小花紫红色，瘦果倒长卵形或偏斜倒长卵形，两侧压扁，浅褐色，有多数细脉纹，有深褐色的色斑或无色斑。花果期6~9月。

　　太子山保护区有分布，生于海拔2300~2700米的林缘地带。

魁蓟

Cirsium leo

菊科蓟属

　　多年生草本，高40~100厘米。根直伸，粗壮，茎直立，单生或少数茎成簇生，全部茎枝有条棱。全部叶两面同色，绿色，被多细胞长节毛，下面沿脉的毛稍稠密。头状花序在茎枝顶端排成伞房花序；小花紫色或红色，花冠长2.4厘米。瘦果灰黑色，偏斜椭圆形，长约5毫米，宽2毫米，顶端斜截形，压扁。花果期5~9月。

　　太子山保护区有分布，生于海拔2300~2600米的河谷地带。

葵花大蓟

Cirsium souliei

菊科蓟属

多年生铺散草本。无主茎，顶生多数或少数头状花序。全部叶基生，莲座状，长椭圆形、椭圆状披针形或倒披针形，羽状浅裂、半裂、深裂至几全裂。小花紫红色，花冠长 2.1 厘米，檐部不等 5 浅裂。瘦果浅黑色，长椭圆状倒圆锥形，稍压扁，长 5 毫米。冠毛白色或污白色或稍带浅褐色。花果期 7~9 月。

太子山保护区有分布，生于海拔 2200~3800 米的山坡、林地一带。

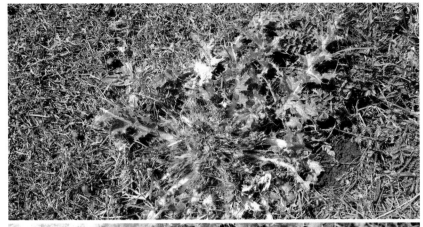

丝毛飞廉

Carduus crispus

菊科飞廉属

二或多年生草本，高 40~150 厘米。茎直立，全部茎叶两面明显异色，上面绿色，有稀疏的多细胞长节毛，下面灰绿色或浅灰白色。瘦果稍压扁，楔状椭圆形，有明显的横皱纹。花果期 4~10 月。

太子山保护区有分布，生于海拔 2400~3600 米的山坡草地中。

星状雪兔子

Saussurea stella

菊科风毛菊属

无茎莲座状草本，全株光滑无毛。根倒圆锥状，深褐色。叶莲座状，星状排列，线状披针形，边缘全缘，两面同色，紫红色或近基部紫红色，或绿色，无毛。头状花序无小花梗，多数，在莲座状叶丛中密集成半球形的直径为4~6厘米的总花序。瘦果圆柱状，长5毫米，顶端具膜质的冠状边缘内层长，羽毛状。花果期7~9月。

太子山保护区有分布，生于海拔2450~3800米的高山草地、山坡灌丛草地。

紫苞雪莲

Saussurea iodostegia

菊科风毛菊属

多年生草本，高30~70厘米。根状茎横走，颈部被褐色纤维状或鳞片状叶柄残迹。茎直立，带紫色，被稀疏或稠密的白色长柔毛。基生叶线状长圆形，长20~35厘米，宽1~5厘米；顶端渐尖或长渐尖，基部渐狭成长7~9厘米的叶柄。头状花序4~7个，在茎顶密集成伞房状总花序，有短小花梗，小花梗密被白色长柔毛。总苞宽钟状，直径1~1.5厘米；总苞片4层，全部或上部边缘紫色，顶端钝。

太子山保护区有分布，生于海拔2400~3800米的山坡灌丛中。

风毛菊

Saussurea japonica

菊科风毛菊属

二年生草本。基生叶和下部叶有长柄，矩圆形或椭圆形，长20~30厘米；羽状分裂，裂片7~8对，中裂片矩圆状披针形，侧裂片狭矩圆形，顶端钝，两面有短微毛和腺点；茎上部叶渐小，椭圆形、披针形或条状披针形，羽状分裂或全缘。头状花序多数，排成密伞房状；总苞筒状；小花紫色。

太子山保护区有分布，生于海拔2300~2800米的山坡、山谷、林下。

川甘风毛菊

Saussurea acroura

菊科风毛菊属

多年生草本，高40~60厘米。茎直立，大部紫红色，被稀疏白色短柔毛，中上部有伞房花序状分枝。基生叶有叶柄，柄长4厘米，叶片全形长圆形，全部叶两面绿色，下面沿脉有稀疏的白色长柔毛，上面被稠密的短糙毛。头状花序多数，有细花序梗，在茎枝顶端成伞房花序状排列。总苞狭圆柱状；小花粉红色，长9毫米，细管部长3毫米，檐部长6毫米。瘦果长倒圆锥状，褐色。花果期8月。

太子山保护区有分布，生于海拔2200~2500米的河岸边。

少花风毛菊

Saussurea oligantha

菊科风毛菊属

多年生草本。根状茎斜升。茎直立，被疏短节毛或近无毛。基生叶在花期常枯萎，下部和中部叶具基部稍扩大抱茎的长叶柄，叶片宽卵状心形，叶柄长 10~15厘米。头状花序 1~3 个排列成疏伞房状；总苞卵形，总苞片约 6 层，外层宽卵形，顶端尖，内层矩圆状条形，顶端反折；花紫色，长 8毫米。瘦果长 3~4 毫米；冠毛污白色，外层糙毛状，内层羽毛状。

太子山保护区有分布，生于海拔 2300~2800 米的山坡一带。

大耳叶风毛菊

Saussurea macrota

菊科风毛菊属

多年生草本，高 25~75 厘米。根状茎粗壮，生多数不定根。茎单生，直立。基生叶花期凋落；叶片椭圆形或卵状椭圆形，全部叶质地薄，边缘有疏齿，齿端有小尖头，两面绿色。头状花序 2~10个在茎枝顶端排成稠密的伞房花序。总苞卵球形或花后圆柱状，直径 6~8 毫米；小花深紫色，长 1.2厘米。瘦果圆柱状，长 4.5 毫米，有纵肋，无毛。花果期 7~8 月。

太子山保护区有分布，生于海拔 2200~3300 米的山坡林下及灌丛中。

小花风毛菊

Saussurea parviflora

菊科风毛菊属

多年生草本。根状茎匍匐。茎直立，分枝或不分枝，无毛或有疏短毛。基生叶花期凋落。头状花序多数，在茎和枝端排成宽伞房状，梗细，近无毛；总苞狭筒状，直径5~6毫米，总苞片先端或全部暗黑色，无毛或有睫毛，外层卵圆形，钝或稍钝，内层矩圆形，顶端钝，常被丛卷毛；花紫色，长10~12毫米。瘦果长约3毫米；冠毛白色，外层不等长，糙毛状，内层羽毛状。

太子山保护区有分布，生于海拔2300~3500米的山坡阴湿处、山谷灌丛中、林下或石缝中。

大丁草

Gerbera anandria

菊科大丁草属

多年生草本，具春秋二型，春型株高5~10厘米，秋型株高达30厘米。叶基生，莲座状，宽卵形或倒披针状长椭圆形，顶端圆钝，基部心形或渐狭成叶柄，提琴状羽状分裂，背面及叶柄密生白色绵毛。头状花序单生于花葶之顶，倒锥形；雌花花冠舌状，带紫红色；两性花花冠管状二唇形。

太子山保护区有分布，生于海拔2300~2600米的山谷丛林中。

华北鸦葱

Scorzonera albicaulis

菊科鸦葱属

　　多年生草本，高达120厘米。根圆柱状或倒圆锥状，直径达1.8厘米。茎单生或少数茎成簇生。头状花序在茎枝顶端排成伞房花序，花序分枝长或排成聚伞花序而花序分枝短或长短不一；舌状小花黄色。瘦果圆柱状；冠毛污黄色，全部冠毛大部羽毛状，羽枝蛛丝毛状，上部为细锯齿状，基部连合成环，整体脱落。花果期5~9月。

　　太子山保护区有分布，生于海拔2200~2500米的山谷或山坡杂木林下。

多裂福王草

Prenanthes macrophylla

菊科福王草属

　　多年生草本，高0.5~1.5米。茎直立，单生，上部圆锥花序状分枝。中下部茎叶掌式羽状深裂。头状花序多数排列成圆锥花序。总苞狭圆柱状，长1.2~1.4厘米，宽约2毫米；总苞片3层。舌状小花5枚，淡红紫色。瘦果圆柱状，长4毫米，有5条高起纵肋。冠毛2层，浅土红色。花果期7~10月。

　　太子山保护区有分布，生于海拔2300~2700米的山谷林下。

中华小苦荬

Ixeridium chinense

菊科小苦荬属

多年生草本，高 5~47 厘米。根垂直直伸，通常不分枝。根状茎极短缩。全部叶两面无毛。头状花序通常在茎枝顶端排成伞房花序舌状小花黄色，干时带红色。瘦果褐色，长椭圆形。花果期 5~10 月。

太子山保护区有分布，生于海拔 2300~2600 米的山坡路旁一带。

蒲公英

Taraxacum mongolicum

菊科蒲公英属

多年生草本。叶倒卵状披针形、倒披针形或长圆状披针形，长 4~20 厘米，宽 1~5 厘米，先端钝或急尖，边缘有时具波状齿或羽状深裂。花葶 1 至数个，高 10~25 厘米，密被蛛丝状白色长柔毛；头状花序直径 30~40 毫米；舌状花黄色。花期 4~9 月，果期 5~10 月。

太子山保护区广泛分布，生于海拔 2200~2600 米的山坡路旁。

主要参考文献

1. 郑万钧 . 中国树木志:1 ~ 4 卷 [M]. 北京:中国林业出版社,1958.

2.Flora of China[EB/OL]. http://foc.bio-mirror.cn/.Saint Louis:Missouri Botanical Garden Press,1994–2013.

3. 中国植物志编辑委员会 . 中国植物志 [M]. 北京:科学出版社,1959–2004.

4. 中国科学院北京植物研究所 . 中国高等植物图鉴:第 1~5 册 [M]. 北京:科学出版社,1972–1983.

5. 冯自诚,徐梦龙 . 甘南树木志 [M]. 兰州:甘肃科学技术出版社,1994.

6. 安定国 . 甘肃省小陇山高等植物志 [M]. 兰州:甘肃民族出版社,2000.

7. 敏正龙 . 甘肃太子山国家级自然保护区林木种质资源 [M]. 兰州:甘肃科学技术出版社,2020.

中文名索引

拉丁名索引